U0113163

中文版
AutoCAD 2016
机械制图基础教程

▶ ▶ ▶ ▶

凤凰高新教育◎编著

北京大学出版社
PEKING UNIVERSITY PRESS

内容提要

本书依据中国国家标准《机械制图》的相关规范编著而成，是缺少AutoCAD机械制图实战经验和应用技巧读者的自学教程。

本书以机械图样案例为引导，全面介绍了AutoCAD基础命令的操作方法与机械制图的相关技巧。内容包括机械制图基础规范、AutoCAD机械制图快速入门、绘制二维机械结构、编辑二维机械结构、机械图块的应用、编辑机械零件模型以及转换AutoCAD机械工程视图。本书的第10章和第11章为二维机械图样的绘制案例与机械零件模型的造型案例，通过对这两章的案例练习，能快速提高读者的AutoCAD机械制图水平。

本书既可作为从事产品结构设计、机械结构设计、钢结构设计、模具设计等初、中级人员的自学教程，也适合作为各计算机培训学校、机械制图培训班的教材参考用书。

图书在版编目(CIP)数据

中文版AutoCAD 2016机械制图基础教程 / 凤凰高新教育编著. —
北京：北京大学出版社, 2016.12
　ISBN 978-7-301-27671-6

　Ⅰ. ①中…　Ⅱ. ①凤…　Ⅲ. ①机械制图—AutoCAD软件—教材
Ⅳ. ①TH126

中国版本图书馆CIP数据核字(2016)第248934号

书　　　名	中文版 AutoCAD 2016机械制图基础教程
	ZHONGWEN BAN AutoCAD 2016 JIXIE ZHITU JICHU JIAOCHENG
著作责任者	凤凰高新教育　编著
责 任 编 辑	尹　毅
标 准 书 号	ISBN 978-7-301-27671-6
出 版 发 行	北京大学出版社
地　　　址	北京市海淀区成府路205 号　100871
网　　　址	http://www.pup.cn　新浪微博: @北京大学出版社
电 子 信 箱	pup7@pup.cn
电　　　话	邮购部62752015　发行部62750672　编辑部62580653
印 刷 者	北京大学印刷厂
经 销 者	新华书店
	787毫米 × 1092毫米　16开本　19.75印张　396千字
	2016年12月第1版　2016年12月第1次印刷
印　　　数	1–3000册
定　　　价	45.00元

Preface 前言

本书是一部详细介绍AutoCAD 2016基础命令与机械制图思路的教程，主要针对初、中级机械设计用户。全书以机械零件为绘制对象，详细介绍了使用AutoCAD绘制机械图样的基本思路与操作技巧。

本书内容介绍

本书主要分为二维结构设计、三维实体造型和综合案例3个部分。

二维结构设计部分（1～6章），主要介绍机械制图规范、AutoCAD机械制图快速入门、二维机械结构的绘制与编辑、文字工具与表格的应用、尺寸标注与图形输出等内容。

三维实体造型部分（7～9章），主要介绍零件三维造型的基本思路与操作技巧。

综合案例部分（10～11章），主要讲解AutoCAD在机械设计中的实战应用。

附录H　知识与能力总复习题2

附录I　知识与能力总复习题3

本书特色

本书内容以机械图样为载体，讲解软件命令的基础操作，实例题材丰富多样，操作步骤简练清晰，既适合AutoCAD自学读者，也适合初、中级机械制图员和结构设计爱好者。

本书内容紧凑，简练易学。在写作结构上，本教程采用"步骤讲述＋配图说明"的方式进行讲解，操作简单明了，浅显易懂。另外本教程中所有的案例都配有素材文件、结果文件以及同步多媒体视频，让读者能轻松地学习AutoCAD 2016机械制图的相关技能。

本书案例多样，针对性强。全书各章节都安排了19个"课堂范例"，让读者能快速理解各小节讲解的基础内容以及操作技巧；安排了24个"课堂问答"，帮助读者排解学习过程中遇到的疑难问题；安排了8个"上机实战"、8个"同步训练"和8个"综合案例"，帮助读者提升机械制图实战技能；另外在每章的最后安排了"知识与能力测试"的习题，帮助读者巩固所学知识（答案请在光盘文件中查阅）。

本书知识结构图

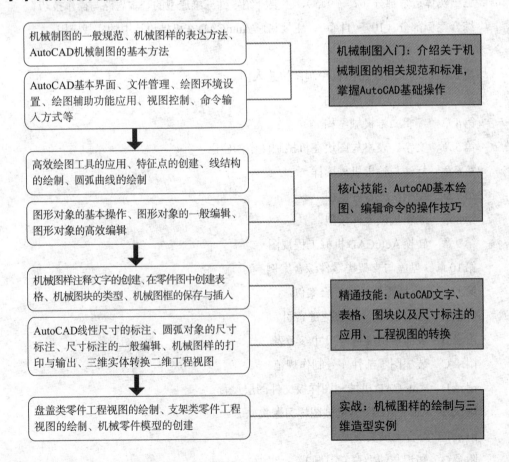

教学课时安排

本书综合了AutoCAD 2016软件的基础功能应用与机械制图实战训练，现给出本书教学的参考课时（共50个课时），主要包括教师讲授33课时和学生上机实训17课时两部分，具体如下表所示。

章节内容	课时分配	
	教师讲授	学生上机
第1章　机械制图基础	2	0
第2章　AutoCAD 2016机械制图快速入门	2	1
第3章　绘制二维机械结构	4	2
第4章　编辑二维机械结构	4	2
第5章　文字、表格与图块在机械制图中的应用	3	2
第6章　标注与输出机械图样	2	1
第7章　绘制机械零件模型	3	2
第8章　编辑机械零件模型	3	2
第9章　转换AutoCAD机械工程视图	2	1
第10章　盘盖与支架类零件综合案例	4	2
第11章　机械零件模型综合案例	4	2
合　计	33	17

光盘内容说明

本书附赠了一张超值多媒体光盘，具体内容如下。

1．素材与结果文件

指本书中所有章节实例的素材文件和最终效果文件。全部收录在光盘中的"素材与结果文件"文件夹中。读者在学习时，可以参考图书讲解内容，打开对应的素材文件和结果文件进行同步操作练习。

2．知识与能力总复习题

除本书最后的"知识与能力总复习题1"外，本书光盘中还收录了"知识与能力总复习题2"和"知识与能力总复习题3"两套试卷，帮助读者查漏补缺，巩固所学内容。

3．视频教学文件

本书为读者提供了长达280分钟的与书同步的视频教程。读者可以通过相关的视频播放软件（Windows Media Player、暴风影音等）打开每章中的视频文件进行学习，并且，每段视频都有语音讲解，非常适合无基础读者学习。

4．PPT课件

本书为教学工作提供了较为方便的PPT课件，可作为AutoCAD机械制图教学的参考课件。

5．习题答案汇总

光盘中的"习题答案汇总"文件，主要为教师及读者提供了每章后面的"知识与能力测试"和"知识与能力总复习题"部分的参考答案。

6. 其他赠送资源

本书为了提高读者对软件的实际应用，综合整理了"设计软件在不同行业中的学习指导"，方便读者结合其他软件灵活掌握设计技巧、学以致用。同时，本书还赠送《高效能人士效率倍增手册》，帮助读者提高工作效率。

创作者说

在本书的编写过程中，我们竭尽所能地为您呈现最好、最全的实用功能，但仍难免有疏漏和不妥之处，敬请广大读者不吝指正。若您在学习过程中产生疑问或有任何建议，可以通过 E-mail 或 QQ 群与我们联系。

投稿信箱：pup7@pup.cn

读者信箱：2751801073@qq.com

读者交流群：218192911（办公之家）、363300209

编者

Contents 目 录

AutoCAD
2016

第1章
机械制图基础

> 本章讲解关于机械制图的一系列基本的概念，主要内容包括了机械制图的一般规范、几何对象的投影、机械图样的表达方法以及AutoCAD机械制图的基本方法。

> 在学习本章内容时应重点培养空间想象力，掌握投影的基本原理，掌握基本视图与剖视图的基本概念，以及使用AutoCAD绘制机械图样的常见方法与技巧。

学习目标

- 了解机械制图的一般规范
- 掌握一般几何对象投影原理
- 掌握相贯线的投影原理
- 掌握基本视图与剖视图的基本概念
- 掌握AutoCAD图形样板文件的制作与使用

1.1 机械制图的一般规范

为方便机械制造的技术交流，一般都将对机械图样上的有关内容做统一的规范要求。本节将以图纸幅面、格式、字体、比例及尺寸标注方法为对象，介绍中华人民共和国国家标准（简称"国标"，代号 GB）关于《机械制图》的一般规定。

1.1.1 图纸幅面及格式

图纸幅面是图纸宽度与长度组成的图面，通俗来说就是最终用来画图或输出打印的图纸。在绘制机械图样时，应优先采用中国国家标准《机械制图》中规定的图纸幅面（mm），如表 1-1 所示。

表 1-1 基本幅面与加长幅面

基本幅面		加长幅面	
幅面名称	规定尺寸 mm	幅面名称	规定尺寸 mm
A0	841×1189	A0×3	420×891
A1	594×841	A1×4	420×1189
A2	420×594	A2×3	297×630
A3	297×420	A3×4	297×841
A4	210×297	A4×5	297×1051

在规定的图纸幅面上用粗实线画出机械制图所有的图框边线，一般分为"不留装订边图框样式"和"带装订边图框样式"两种，而常见的格式有横式和立式两种，如图 1-1 所示。

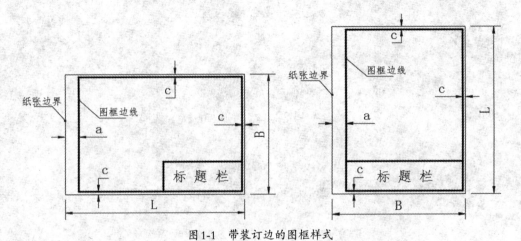

图 1-1 带装订边的图框样式

对于"带装订边图框样式"的图纸幅面，其幅面周边尺寸如表 1-2 所示。

表1-2 基本幅面的周边尺寸

幅面名称	基本幅面尺寸 B×L mm	c边尺寸mm	a边尺寸mm
A0	841×1189		
A1	594×841	10	
A2	420×594		25
A3	297×420	5	
A4	210×297		

一幅完整的机械图样图幅，不仅有带装订边的图框边线，还应在每张图纸的右下角画出标题栏并填写相关的内容。关于标题栏的相关规定尺寸，如图1-2所示。

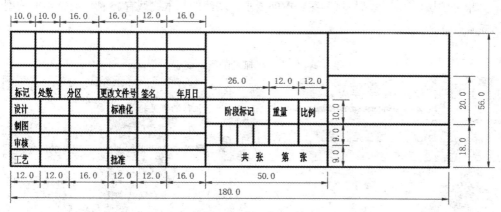

图1-2 标题栏尺寸

1.1.2 字体

在机械图样中除了使用几何图形结构来表达物体的结构轮廓外，还需使用字母、数字、汉字来标注图形尺寸或说明机件在设计、制造以及装配过程中的技术要求。

根据中国国家标准《机械制图》的相关规定，在机械图样中使用的字母、数字、汉字必须做到字体工整、笔画清楚、间隔均匀、排列整齐。其中，汉字应统一采用国家正式公布的简化字并书写为长仿宋体。

字体的高度一般有1.8mm、2.5mm、3.5mm、5mm、7mm、10mm、14mm、20mm这8种基本尺寸，其中，汉字的书写高度一般不应小于3.5mm。如采用更大尺寸的字符，字体高度应按$\sqrt{2}$的比率递增。

1.1.3 比例

在图幅上绘制的图形结构与实际物体的线性尺寸之比称为比例值。

　　使用规定幅面大小的图纸进行手工绘制机械图样时，常因图纸大小的限制而不能使用物体的实际尺寸进行图样绘制。因此，一般都需要采用比例缩放的方式来绘制机件结构。

　　随着现代计算机辅助设计技术的普及，制图技术已突破图纸边界限定，可以在计算机上表达任意大小的图形结构，更因为线切割等2D数控加工的技术要求，一般都将采用1:1的比例进行图样的绘制。

1.1.4 图形线型

　　在机械工程图样中，使用不同的线型来表达不同的图形结构不仅有助于各视图的清楚表达，且更有助于图纸查看，使工程图样显得规范大方。

　　根据中国国家标准《机械制图》中的要求，图线的基本线型有15种，而常用的线型有8种，如表1-3所示。

表1-3　机械制图常见线型

图线名称	图形型式	宽度	应用范围
粗实线	▬▬▬▬	d	用于机件的可见轮廓线
细实线	———	$d/3$	用于尺寸线、尺寸界线、剖面线、引出线、螺纹牙线、齿轮齿根线、分界线与范围线等
波浪线	∿	$d/3$	用于视图与剖视图的分界线
双折线	⌇	$d/3$	用于视图断裂处的边界线
虚线	- - - -	$d/3$	用于不可见的轮廓线、过渡线
细点画线	—·—·—	$d/3$	用于对称中心线、运动轨迹线、节线以及轴线
粗点画线	▬·▬·▬	d	用于特殊要求的表示线
双点画线	—··—··	$d/3$	用于假想的轮廓线、极限位置上的轮廓线、工艺结构上的轮廓线等

1.1.5 尺寸标注法

　　在机械工程图样中，尺寸的标注操作主要用于确定各机件结构的相对位置与尺寸大小。因此，尺寸标注是机械图样中重要的内容之一，它是设计、制造、检验的重要依据。

　　尺寸标注主要有以下几个基本要素，如图1-3所示。

- 尺寸界线：尺寸界线用于注明尺寸的标注范围，一般用细实线绘制并由图形的轮廓线、轴线、中心线处引出。

- 尺寸线：尺寸线用于注明度量尺寸的方向，它由双箭头的直线组成。

- 尺寸数字：尺寸数字用于注明图形结构的实际大小，一般用字高为3.5mm的标准字体书写，且在同一个机械图样上应使所有字体高度保持一致。

- 箭头：箭头用于指出尺寸测量的起始位置的图形符号，在机械制图中一般使用实心封闭的箭头符号。

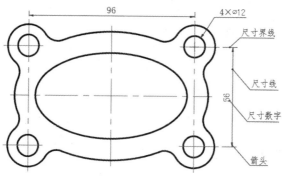

图1-3 尺寸标注的组成

 几何对象的投影

在机械图样中，各视图上的特征都具有相应的投影关系。而点、线、面是组成机件的基本几何对象，掌握这些几何对象在各个方位上的正投影原理是理解视图投影的基础。

1.2.1 投影原理

当灯光投射到物体上时，地面或背景物体上将出现被投射物体的影像轮廓。机械制图中使用的投影法与此基本相似，投影的轮廓影像称为投影图，轮廓影像所在的平面一般称为投影面，投影物体与投影图之间的连接直线称为投影线。

根据中国国家标准《机械制图》规定，投影法一般分为"中心投影法"和"平行投影法"两种。

1. 中心投影法

中心投影法是所有的投影线都集中于一点的投射方法，如图1-4所示。光线首先通过投射中心点（P点），再通过A、B、C三个点，最后在平面上投射出A'、B'、C'三个投影点。

使用中心投影法投射物体时，其投影图的大小将随投射中心点与投射物体的距离变化，同时也随投射物体与投影面的距离变化。因在绘制机械零件图样时不能准确地反映出投射物体的实际尺寸，所以中心投影法一般都用于三维立体透视图的绘制。

2. 平行投影法

平行投影法是所有的投影线都处于平行状态的一种投射方法，一般分为"平行斜投影"和"平行正投影"两种类型。

平行斜投影是投射线与投影面呈一定倾斜角度的平行投影方法，如图1-5所示。光线分别通过物体的A、B、C三个点，再投射出A'、B'、C'三个投影点，其投射线AA'、BB'、CC'相互平行且与投影面呈一定的角度。

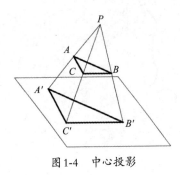

图1-4 中心投影

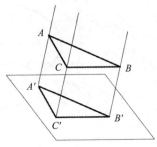

图1-5 平行斜投影

平行正投影是投射线与投影面呈垂直角度的平行投影方法，如图1-6所示。其投射线AA'、BB'、CC'相互平行且与投影面垂直。

在机械制图中，所有的方位视图均采用平行正投影方法来表达物体的轮廓结构。使用平行正投影法在多个方位上进行投射操作，可得到物体在各个方位上的轮廓图形。因此，当物体在多个投影面上投射出轮廓形状后，再将各正投影图有规则地进行配置就可得到物体的方位视图，如图1-7所示。

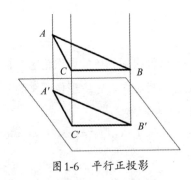

图1-6 平行正投影

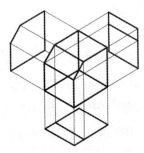

图1-7 三面正投影

1.2.2 几何点的投影

几何特征点是组成物体的最基本的元素，无论是物体的边线投影、面投影、三维体投影，其基本思维方法都是以特征点的投影为参照对象。

特征点在某个平面内，分别向水平、垂直方向轴上做正投影，可投射出与方向轴呈垂直状态的投射线，如图1-8所示。

在机械制图中，为完整准确地反映出物体的结构形状，通过将采用多面正投影的方式来投射物体的关键特征点，如图1-9所示。通过点A并垂直于投影面的投射线与立体平面的交点就是点A的正投影点。

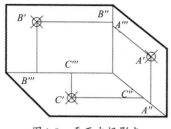

图1-8 平面内投影点

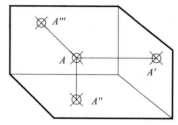

图1-9 三维空间内投影点

1.2.3 直线的投影

在机械制图中，直线通常为各立体面的相交棱线。使用正投影方式投射直线对象得到的投影一般也是直线，而在特殊的投射角度下可将直线投影聚集为一个点，这种投影性质称为积聚性，如图1-10所示。当直线与投影平面呈非垂直状态时，其A、B两个端点在平面上的投影将不会重合，从而得到一条投影直线。而当直线与投影平面呈垂直状态时，A、B两端点将在一点上积聚，从而得到一个投影特征点C。

将直线投射至多个平面时，可使用正投影原理作出垂直投影直线，再连接关键的投影点从而得到投影直线，如图1-11所示。分别过直线的A、B两个端点作垂直于平面的投射线，其与平面的交点连线即为空间直线在平面内的投影。

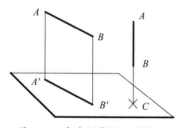

图1-10 直线投影的两种类型

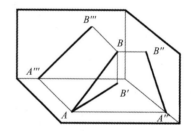

图1-11 多面正投影直线

1.2.4 平面的投影

两个互相垂直的平面，其投影出的几何元素将积聚为一条直线，如图1-12所示。当平面ABCD与其投影平面呈垂直状态时，其相交线$A'B'$和$B''C''$就是垂直平面的投影。

当投射平面不与投影面互相垂直时，分别过平面的4个端点作垂直于投影面的投射线，其与平面的交点连线即为空间平面在投影面内的投影结果，如图1-13所示。使用正投影方式将平面的端点A、B、C、D垂直投影于指定平面内，再使用直线连接4个投影点绘制出平面$A''B''C''D''$。

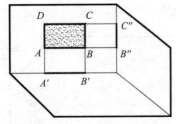

图1-12 垂直平面的投影

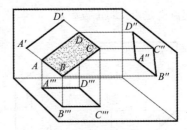

图1-13 三维空间内的投影

1.2.5 圆形的投影

当圆形平行于投影面时，投射出的影像也是圆形；当圆形所在的平面垂直于投影面时，投射出的影像将积聚为一条直线，如图1-14所示。

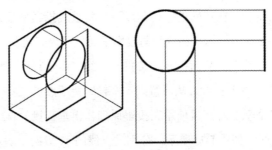

图1-14 圆形的积聚投影

当圆形倾斜于投影面时，投射出的影像是椭圆。通过圆形的圆心点作垂直于投影面的投射线，其与投影面的交点即为椭圆的圆心；通过圆形的4个象限点作垂直于投影面的投射线，其与投影面的4个交点分别为椭圆的长短半轴端点，如图1-15所示。

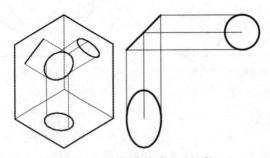

图1-15 空间倾斜圆形的投影

1.2.6 相贯线的投影

两个几何曲面的相交线一般就称为相贯线，如图1-16所示。两个回转体三维模型相交时，其外表面的相交线为一条具有3D空间变化的曲线。而在绘制机械图样时，需要将其转换为正投影的二维曲线。因此，相贯线在各视图上正确的对应关系就是需要重点掌握的内容。

相贯线的投影方法与绘制步骤如下。

①找出能完整正确地表达相贯线的视图方位。以图1-16所示的相交圆柱体为说明对象，其俯视方位上投影的相贯线为一个正圆图形，如图1-17俯视图上的圆形。

②找出相贯线上的关键特殊点。如象限点、圆心点、转折点、分界点等。

③找出投射线交点。使用已知的相贯线特殊点，绘制出正投射线，求出相贯线的投影点，如图1-17所示。

④连接求出的关键投影点。使用圆弧或平滑的曲线将求出的投影点进行连接，得到投射方位上的相贯线。

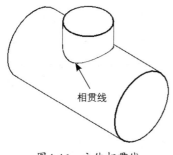

图1-16 立体相贯线

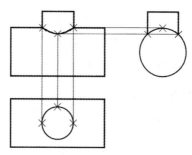

图1-17 正投影相贯线

1.2.7 三维体的投影

在AutoCAD系统中，所有的三维体轮廓都由曲面所组成。其中，表面均由平整的曲面所组成的三维立体，称为平面立体，如正方体、长方体、棱柱体等。表面由变化曲面与平面共同组成的三维立体，称为曲面立体，如圆柱体、球体、圆环等。

由于三维体由多个面所组成，其立体的正投影方法可使用点、直线、平面的投影规律和原则。关于平面立体的投影方法与步骤如下。

①拆分三维立体面。将三维体拆分成若干个多边形平面，其一般可归类为顶平面、侧平面、底平面等。

②找出关键的投影特殊点。在拆分的多边形平面上找出能反映投影关系的特殊点，再绘制出投射直线以求出这些特殊点的投影位置。

③连接求出的关键投影点。使用直线连接求出的投影点，从而得到三维拆分面的投影图形，如图1-18所示。

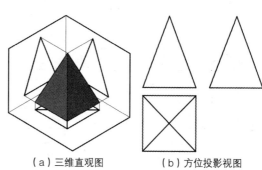

（a）三维直观图　　（b）方位投影视图

图1-18 棱锥体的正投影

1.3 图样的表达方法

根据中国国家标准《机械制图》的相关规定，所有的机件都将由基本方位视图、剖视图、断面图、放大视图、轴测视图等常用视图来表达其内外结构。

1.3.1 第一与第三角投影简介

在国际制图标准的规定中，可采用第一角投影，也可采用第三角投影来表达机件的视图投影方位。

中国国家标准《机械制图》规定，中国将优先采用第一角投影来表达机件视图的结构。使用第一角投影视图表达机件，其主视图主要用于表达机件的正前方，俯视图则放置在主视图正下方，左视图放置在主视图的正右方，右视图放置在主视图的正左方，如图1-19所示。另外，当采用第一角投影绘制机件视图时，应在标题栏中规定的格栏中用识别符号表示。关于第一角投影的识别符号，如图1-20所示。

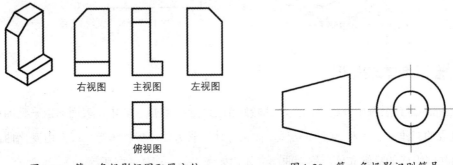

图 1-19　第一角投影视图配置方位　　　　　图 1-20　第一角投影识别符号

西方国家多数采用的是第三角投影来表达机件视图的结构，其主视图用于表达机件的正前方，俯视图放置在主视图的正上方，左视图放置在主视图的正左方，右视图放置在主视图的正右方，如图1-21所示。关于第三角投影的识别符号，如图1-22所示。

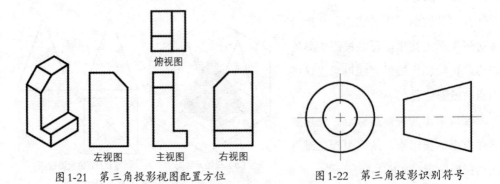

图 1-21　第三角投影视图配置方位　　　　　图 1-22　第三角投影识别符号

1.3.2 基本视图

机件向6个基本投影平面投射所产生的视图轮廓，一般称为基本视图。将机件放置在正六面体中，再采用正投影的基本方法将机件上的组成平面向6个基本方向进行投射，可得到6个基本的视图，如图1-23所示。

6个基本视图间要保持"长对正、高平齐、宽相等"的投影原则，即主、俯、仰视图长对正；主、左、右、后视图高平齐；俯、左、仰、右视图宽相等。另外，俯、左、仰、右视图放置在主视图四周，而后视图则放置在左视图的右侧，如图1-24所示。

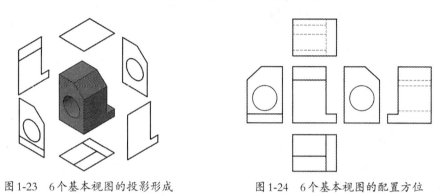

图1-23　6个基本视图的投影形成　　　　图1-24　6个基本视图的配置方位

1.3.3 剖视图

在机械制图中，机件的不可见轮廓线一般采用虚线的方式来表示。而当机件内部结构过于复杂时，视图中的虚线将增多，从而使图形显示较为复杂，不利于图形的阅读和编辑操作。因此，在不影响机件外部结构表达的同时，可使用剖视图来表达机件的内部结构。

用于剖切机件的假想平面称为剖切面，使用剖切面剖开机件后，将剖切面与观察方位之间的实体移除，剩余机件的内部结构向投影平面投射所得到的图形，就是机件的剖视图，如图1-25所示。

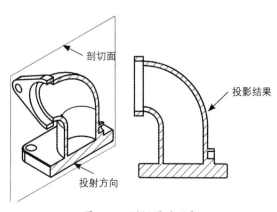

图1-25　剖视图的形成

1．全剖视图

使用剖切面完整地剖开机件所有的内部结构，得到的剖视图称为全剖视图。其主要用于表达内部结构复杂且不对称的机件，如图1-26所示。

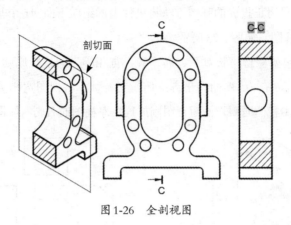

图1-26　全剖视图

2．半剖视图

针对具有对称结构的机件时，可在其对称中心上使用转折的剖切面进行机件剖切操作，从而得到一半为基本视图，另一半为剖切视图的图样，这种视图就称为半剖视图，如图1-27所示。

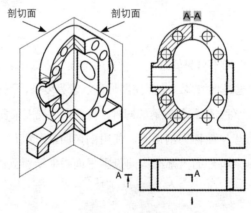

图1-27　半剖视图

3．局部剖视图

在机件的局部位置使用剖切面所得到的视图，一般就称为局部剖视图。其主要用于不对称机件的内外结构需要在同一个视图上兼顾表达的情况，如图1-28所示。

4．阶梯剖视图

使用多个平行的剖切平面对机件内部结构进行层次式剖切，从而得到具有平行投影结构的视图，这种视图一般称为阶梯剖视图。其主要用于外形结构简单，内部结构复杂，且不能用单一的剖切平面来完成剖切表达的机件，如图1-29所示。

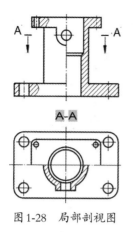

图1-28 局部剖视图

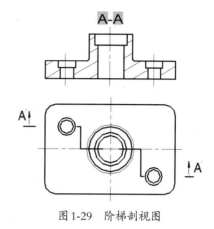

图1-29 阶梯剖视图

1.3.4 断面图

使用假想的剖切平面将机件的某一处进行剖切操作，然后只绘制出剖切平面与机件接触的那部分轮廓图形，这种视图就称为断面图，如图1-30所示。

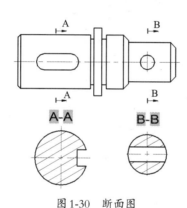

图1-30 断面图

技 能 拓 展

断面图是只绘制出机件的剖切轮廓，而剖视图不仅需要绘制出剖切轮廓，还需绘制出投影方向上的所有机件可见轮廓。

1.3.5 局部放大视图

在机械制图过程中，当机件局部结构过小，表达不清晰或尺寸标注也不方便时，可使用放大的比例尺来绘制出这些局部结构，这种视图称为局部放大视图。

根据中国国家标准《机械制图》中的规定，绘制的局部放大视图需要用实线圈出需要放大的局部结构，并将其配置在放大部位的附近，如图1-31所示。

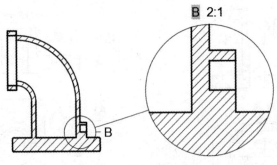

图1-31 局部放大视图

技能拓展

　　局部放大视图可以是基本视图、剖视图或断面图，如绘制成剖视图、断面图，其剖面线的方向、间隔参数要和"父视图"中的剖面线方向、间隔参数相同。

1.4 AutoCAD机械制图基本方法

　　为遵循机械制图中的一些基本规定和画法，如线型、点样式、标注样式、字体样式等基本的机械制图标准，可在AutoCAD系统中制作出符合中国国家标准的制图样板文件。

　　本节将主要讲解AutoCAD制图样板文件的制作与使用，以及使用AutoCAD来绘制机械图样的基本思路与技巧。

1.4.1 制作机械制图样板文件

　　在AutoCAD中制作机械制图样板主要包括了机械设计图层的设置、文字样式的设置、表格样式的设置以及标准图框的加载等常用机械制图规范的定义。

　　关于AutoCAD样板文件的制作，在本书后面的章节中将对各个设置内容进行更为详细的介绍，本小节将综合运用这些知识点来介绍AutoCAD样板文件的制作思路，其基本步骤如下。

　　步骤01　使用acadios.dwt样板文件新建一个图形文件。

　　步骤02　设置机械设计使用的图层。参考2.4节中关于图层线型、颜色、线宽的设置方法，完成机械设计图层的定义，如图1-32所示。

　　步骤03　设置文字样式。参考5.1.2小节中关于文字样式的设置方法，完成文字样式的定义，如图1-33所示。

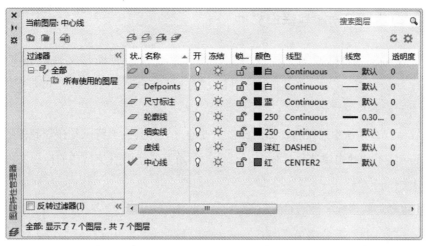

图1-32　机械设计图层设置

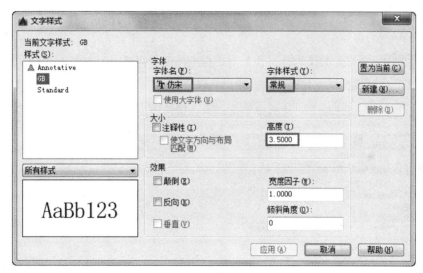

图1-33　文字样式设置

步骤04　设置表格样式。参考5.2.1小节中关于表格样式的设置方法，完成机械制图表格样式的定义。

步骤05　绘制机械制图使用的A0～A4的横向或纵向标准图框。

步骤06　使用【另存为】命令将图形文件保存为dwt格式的文件，完成机械制图样板文件的制作。

技能拓展

　　在保存dwt格式的文件时，无须指定文件的保存路径，系统将自动读取到样板文件的保存文件夹。

1.4.2 自动与手动加载样板文件

在完成AutoCAD机械制图样板的制作后，需要在新建图形文件时将其加载至AutoCAD系统中才能使用。加载样板文件的方法主要有手动加载和自动加载两种方式。

1. 自动加载样板文件

在AutoCAD系统中采用自动加载样板文件的方式，其主要特点是在新建图形文件的过程中系统将不会弹出【选择样板】对话框，而是直接使用系统默认的样板文件来快速新建图形文件。

关于自动加载样板文件的设置方法如下。

步骤01 执行下拉菜单【工具】→【选项】命令，打开【选项】对话框。

步骤02 在【文件】选项卡中，展开【样板设置】选项列表。

步骤03 在【快速新建的默认样板文件名】选项下，选择➡无图标，再单击对话框中的 浏览(B)... 按钮。

步骤04 在打开的【选择文件】对话框中，选择需要自动加载的样板文件，单击 打开(O) 按钮完成默认样板文件的指定，如图1-34所示。

步骤05 在【选项】对话框中单击 确定 按钮退出对话框。

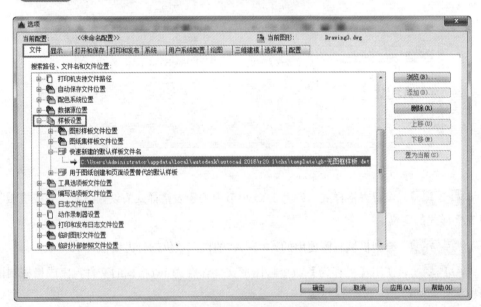

图1-34 设置默认样板文件路径

技能拓展

在完成默认样板文件的定义后，只有通过单击【快速工具栏】上的【新建文件】按钮，系统才会使用默认的样板文件快速新建一个图形文件。

2．手动加载样板文件

使用手动加载样板文件的方式有如下两种。

- 菜单栏：执行【文件】→【新建】命令。
- 快捷键：按【Ctrl+N】组合键。

技 能 拓 展

复制【GB标准样板】文件，再执行【新建】命令，打开【选择样板】对话框，最后将复制的样板文件粘贴至Template文件夹中。

1.4.3 机械图样的绘制顺序

使用AutoCAD绘制机械图样时应遵循机械制图的基本规则，基本步骤如下。

①分析零件的结构形状。了解机械零件的名称、功能作用及装配关系，对零件的加工和定位具有充分的掌握，明确各特征的机械加工处理方法。

②确定视图表达方案。首先需要确定零件的主视图，一般将选取最能反映零件轮廓外形的投射方向为主视图。其次是确定投影视图、剖视图以及局部视图的选取方案。

③绘制各视图的基础外形轮廓。首先绘制出各视图的参考中心线，其次绘制出各视图的基础外形轮廓。

④逐渐绘制工程特征在各视图上的投影形状。使用正投影的基本方法，将机械零件上的特征分别在主视图与其他投影视图或剖视图上进行投射，从而得到该特征在各视图上的投影轮廓。

1.4.4 使用投影关系绘制视图

使用AutoCAD绘制具有投影关系的特征轮廓时，可利用【构造线】命令来投射特征的关键点，从而得到该特征在其他视图上的投影点，如图1-35所示。

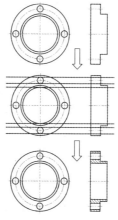

图1-35 使用投影关系绘制视图

1.4.5 转换机械工程视图

使用 AutoCAD 的实体造型功能可快速精确地创建出机件的三维模型，再通过视图转换命令创建出基本视图、投影视图及剖视图等二维工程视图，如图1-36所示。采用这种机械制图方法，不仅能高效精确地创建出二维视图结构，而且能在三维实体与二维工程视图之间建立一定的参数关联，用户通过编辑修改三维实体模型即可达到同时修改二维工程视图的设计目标。

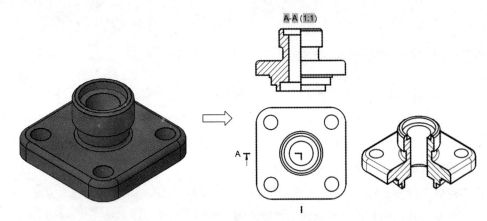

图1-36　三维模型转换二维工程视图

知识与能力测试

本章讲解了机械制图的基础行业规范，为对知识进行巩固和考核，布置相应的练习题。

一、填空题

1．A4图纸幅面的尺寸为_____。

2．机械图样中统一采用的字体为_____。

3．机械图样中的轮廓线一般采用_____线型。

4．针对机件局部结构尺寸过小，一般将采用_____视图来补充表达机件结构。

二、选择题

1．中国国家标准《机械制图》规定一般采用哪种视角投影来绘制图样？（　　　）

    A.【第一角投影】　　　　　　　　　B.【第三角投影】

    C.【正投影】　　　　　　　　　　　D.【中心投影】

2．具有对称结构特点的机件一般采用下面哪种剖视图？（　　　）

    A.【全剖视图】　　　　　　　　　　B.【半剖视图】

    C.【局部剖视图】　　　　　　　　　D.【阶梯剖视图】

3．使用多个平行的剖切平面对机件进行层次式剖切的视图是（　　　）。

    A.【全剖视图】　　　　　　　　　　B.【半剖视图】

C.【局部剖视图】 D.【阶梯剖视图】

4. 使用下面哪个AutoCAD绘图命令能快速创建正投射线？（　　）

A.【构造线】 B.【直线】

C.【样条曲线】 D.【多段线】

三、简答题

1. 机械制图一般采用哪种投影方法来绘制投影视图？

2. 尺寸标注包含哪几个组成要素？

3. 基本视图的投影原则是什么？

AutoCAD
2016

第2章
AutoCAD 2016机械制图快速入门

本章讲解AutoCAD 2016的基本入门操作，内容主要包括软件的安装、软件界面的介绍、系统的基本设置以及图层的创建与管理。

通过本章的学习可对AutoCAD设计系统有个基本的认识，为后续章节的深入学习打下良好的基础。

学习目标

- 了解AutoCAD的安装、启动与退出
- 了解AutoCAD新建文件、打开与保存文件操作
- 掌握工作空间的切换操作
- 掌握图层的创建与管理操作

2.1 AutoCAD 简介

AutoCAD 2016是由美国Autodesk公司开发的新一代计算机辅助设计软件，其经过多次的升级，功能逐渐完善、日趋强大，且使用方便、用户界面友好，还具有开放式的结构，让用户能进行二次开发。

2.1.1 关于计算机辅助绘图

AutoCAD 也称为计算机辅助设计，它是20世纪中期发展起来的一门学科。由于计算机图形学的逐步完善，计算机绘图技术也相应地快速发展起来，逐渐成为现代制图技术的主要手段并替代传统的手工绘图方式。

现代计算机绘图技术是使用计算机系统与相应的图形处理软件来共同完成各种二维、三维结构的创建与编辑工作，从而帮助设计人员担负起烦琐的工程计算、结构分析、信息存储等工作。现代计算机辅助设计系统中，常见的软件有CATIA V5、Creo、UG、SolidWorks及AutoCAD等。这些设计软件不仅能快速地完成二维结构的绘制、编辑工作，同时还具有强大的三维造型、结构分析、仿真运动等功能。其中，AutoCAD在二维结构设计方面的优势尤为突出，它不仅能快速、方便地绘制出各种二维结构图形，而且易于掌握，还能与更多的第三方插件进行兼容。

2.1.2 AutoCAD 2016 的安装

在AutoCAD版本不断更新的同时，其对于计算机硬件的要求也相应地提高。本小节将介绍AutoCAD 2016的安装要求与方法。

1. AutoCAD 2016 的安装要求

- Windows 7及其以上版本的操作系统。
- Intel Pentium 4、Intel I5、Intel I7等处理器。
- 使用64位版本的AutoCAD 2016应最低配置4GB的内存条。
- 使用支持1024×768（建议1600×1050或更高）分辨率的显示器。
- 安装AutoCAD 2016需要占用6GB的硬盘空间，为提高文件读取速度，应配置500GB容量的硬盘。
- 使用Windows Internet Explorer 9.0或更高版本的浏览器。

2. AutoCAD 2016 的安装方法

下面将以Windows 7操作系统为例，演示AutoCAD 2016的程序安装过程。

步骤01 双击安装盘中的 Setup.exe 文件，启动AutoCAD安装程序。完成安装初始化检测后，系统将弹出 AutoCAD 2016 的安装启动界面，如图2-1所示。

图2-1　AutoCAD 2016安装启动界面

技能拓展

　　单击【安装工具和实用程序】按钮，可提前进入【配置安装】界面。在该界面中可自定义更多的安装细节以及程序的安装位置。

步骤02　单击【安装】按钮，系统进入【许可协议】界面。在【国家或地区】列表中选择【China】选项，在许可及协议文本框下面选中【我接受】选项。

步骤03　单击 下一步 按钮，进入【产品信息】界面。在【产品语言】列表中选择【中文（简体）Chinese（Simplified）】选项；在【许可类型】选项中选中【单机版】选项，在【产品信息】选项中选中【我有我的产品信息】选项并输入序列号、产品密钥，如图2-2所示。

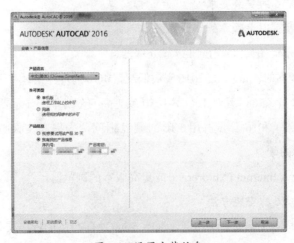

图2-2　设置安装信息

步骤04　单击 下一步 按钮，进入【配置安装】界面，设置程序的安装路径后单击 安装 按钮继续安装 AutoCAD 2016软件，经过几分钟后将完成 AutoCAD 2016的安装并弹出【安装完成】界面，如图2-3所示。

图2-3　安装完成界面

步骤05　单击 完成 按钮，完成 AutoCAD 2016的安装。

步骤06　安装完成后再启动 AutoCAD 2016软件，在【Autodesk 许可—激活选项】界面中选择【我具有 Autodesk 提供的激活码】选项，再单击 下一步 按钮，弹出激活码输入框；在激活码文本框中输入获得的软件激活码，单击 下一步 按钮，完成 AutoCAD 2016的安装激活。

2.1.3　AutoCAD 2016的启动与退出

启动 AutoCAD 2016的方法主要有以下3种。

（1）双击 AutoCAD 2016桌面快捷方式图标。

（2）在 Windows 7系统的【开始】菜单中，选择 AutoCAD 2016简体中文（Simplified Chinese）命令选项。

（3）直接双击打开 AutoCAD 2016关联到的图形文件。

退出 AutoCAD 2016的方法主要有以下3种。

（1）执行菜单栏【文件】→【退出】命令。

（2）单击 AutoCAD 2016标题栏上的 x 按钮。

（3）在命令行中输入字母EXIT或QUIT，再按下空格键确定，关闭AutoCAD 2016软件。

在退出AutoCAD系统时，如编辑过的图形文件未保存，系统将弹出询问用户是否保存的对话框。单击【是】和【否】按钮都将退出AutoCAD系统，单击【取消】按钮将取消系统的关闭。

2.1.4 新建图形文件

使用AutoCAD新建图形文件的方法主要有以下5种。

（1）菜单栏：【文件】→【新建】命令。

（2）快捷键：【Ctrl+N】。

（3）命令行：NEW。

（4）快速访问工具栏：单击【新建】按钮□。

（5）单击【应用程序】按钮▲，在展开的菜单中选择【新建】命令。

在启动AutoCAD的【新建】命令后，系统将弹出【选择样板】对话框，如图2-4所示。选择相应的图形样板文件后，单击 打开② 按钮完成图形文件的创建。

图2-4 【选择样板】对话框

2.1.5 打开与保存图形文件

打开AutoCAD图形文件的方法主要有以下5种。

（1）菜单栏：【文件】→【打开】命令。

（2）快速访问工具栏：单击【打开】按钮 。

（3）快捷键：【Ctrl+O】。

（4）命令行：OPEN。

（5）单击【应用程序】按钮 ，在展开的菜单中选择【打开】命令。

启动【打开】命令后，系统将弹出【选择文件】对话框，如图2-5所示。在对话框中的【查找范围】下拉列表里可选择图形文件在磁盘中的保存路径，在【预览】区域可显示出选取图形的缩略图，单击 打开(O) 按钮完成指定图形的打开操作。

图2-5 【选择文件】对话框

AutoCAD图形文件的保存方法主要有以下5种。

（1）菜单栏：【文件】→【保存】命令。

（2）快速访问工具栏：单击【保存】按钮 。

（3）快捷键：【Ctrl+S】。

（4）命令行：QSAVE。

（5）单击【应用程序】按钮 ，在展开的菜单中选择【保存】命令。

启动【保存】命令后，系统将弹出【图形另存为】对话框，如图2-6所示。在对话框中的【保存于】下拉列表中可指定图形文件的保存路径，在【文件名】文本框中可定义图形文件的保存名称。

图2-6 【图形另存为】对话框

AutoCAD 2016默认状态下，将使用【AutoCAD 2016图形（*.dwg）】格式作为图形文件的保存类型。用户可在【文件类型】下拉列表中重定义需要使用的格式类型。

2.2 AutoCAD 2016基本界面

在AutoCAD 2016版本中，各工具集都进行了细节方面的整合，界面更加亲和，更加人性化。其工作界面主要包括了标题栏、快速访问工具栏、菜单栏、功能命令集、绘图区以及坐标系、命令行、状态栏等部分，如图2-7所示。

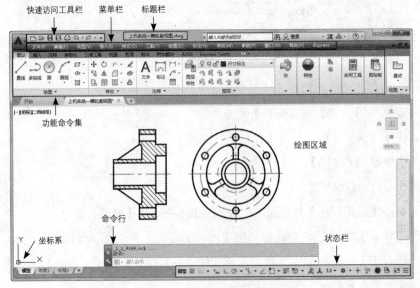

图2-7 AutoCAD基本界面

2.2.1 标题栏与菜单栏

AutoCAD的标题栏位于工作界面的最上方，它主要用于显示当前图形文件的名称和相关信息。在标题栏的最右方有最小化按钮、最大化按钮和关闭按钮，通过这些命令按钮可实现窗口的缩放和关闭操作。

单击【工作空间】栏右侧的展开按钮，在弹出的下拉菜单中选择【显示菜单栏】命令选项后，系统将在标题栏下方显示出传统的菜单栏，如图2-8所示。菜单栏主要由【文件】、【编辑】、【视图】、【插入】、【工具】等部分组成，它几乎包含了AutoCAD所有的命令，能给用户提供完整的操作工具。

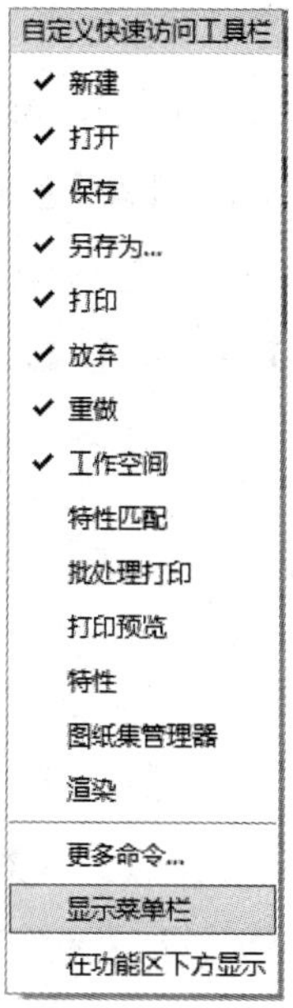

2.2.2 快速访问工具栏

快速访问工具栏位于标题栏的左侧，其主要包括【新建】、【打开】、【保存】、【另存为】等命令按钮。另外，用户还可通过添加、删除、重定位的方式来自定义快速访问工具栏中的命令。

图2-8 【显示菜单栏】命令选项

2.2.3 工作空间

在AutoCAD 2016中，系统提供了【草图与注释】、【三维基础】和【三维建模】3种基本的工作空间。

切换AutoCAD工作空间的方法主要有以下两种。

（1）快速访问工具栏：在【工作空间】栏中选择需要切换的工作空间，如图2-9所示。

（2）菜单栏：选择【工具】→【工作空间】命令，再选择需要切换的工作空间，如图2-10所示。

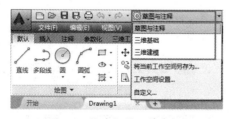

图2-9 快速切换工作空间

图2-10 菜单栏切换工作空间

2.2.4 功能命令集

随着Windows系统的升级与优化，AutoCAD 2016的命令也得到了优化，系统将常用的各种命令按钮通过功能命令区进行了整合，其主要有【默认】、【插入】、【注释】、【视图】等选项卡。用户通过单击这些功能选项卡，可切换页面来完成命令集的调用。

1．【默认】命令集

在新建 AutoCAD 图形文件后，系统一般将自动激活【默认】命令集，其主要有【绘图】、【修改】、【注释】和【图层】等工具组，如图 2-11 所示。

图 2-11 【默认】命令集

2．【插入】命令集

激活【插入】命令集，可使用块的相关工具创建或插入图块文件，其主要有【块】、【块定义】、【参照】和【点云】等工具组，如图 2-12 所示。

图 2-12 【插入】命令集

3．【注释】命令集

【注释】命令集中的相关工具主要用于文字注释的创建与编辑，其主要有【文字】、【标注】、【引线】和【表格】等工具组，如图 2-13 所示。

图 2-13 【注释】命令集

4．【三维工具】命令集

在选项卡栏的空白处单击鼠标右键，选择【显示选项卡】选项，在展开的子菜单中勾选【三维工具】，系统将添加【三维工具】选项卡。

激活【三维工具】命令集后，可使用多种三维造型工具来完成三维实体的创建与编辑，其主要有【建模】、【实体编辑】和【曲面】等工具组，如图 2-14 所示。

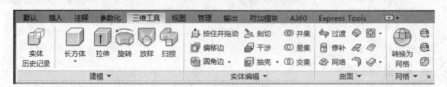

图 2-14 【三维工具】命令集

2.2.5 命令行

在绘图区域的正下方是AutoCAD的命令行工具，其主要用于AutoCAD命令的输入和查看命令执行过程中的提示信息，如图2-15所示。

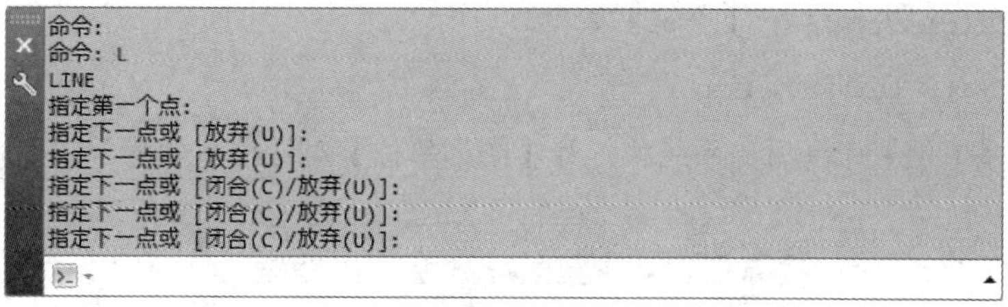

图2-15 命令行

技能拓展

在系统默认状态下，命令行处于绘图区的正下方，用户也可拖动命令行至绘图区中的任意位置。

2.2.6 状态栏

在AutoCAD操作界面的最下方是状态栏，其主要包括了一系列的绘图辅助工具，如图2-16所示。其中常用的工具有【动态输入】按钮、【正交模式】按钮、【二维对象捕捉】按钮、【线宽显示】按钮。

图2-16 【状态栏】工具集

2.3 系统设置

为满足不同行业的用户需求，AutoCAD系统允许用户自定义当前的工作环境，以符合用户的操作习惯和思维模式，从而提高工作效率，快速地完成设计任务。

针对AutoCAD机械制图的相关要求，一般只需对图形单位、对象捕捉、文件保存、鼠标右键功能及绘图选项进行相应的设置。

2.3.1 图形单位与草图设置

由于不同行业的制图标准具有一定的差异性，因此对于图形单位和草图功能设置的要求也不相同。根据中国国家标准《机械制图》的相关规定，机械图样都将采用"公制"单位作为基础计量单位，而对象捕捉设置通常也只需选中常用的几种特征点。

1. 设置图形单位

打开【图形单位】对话框的方法主要有以下两种。

（1）菜单栏：【格式】→【单位】命令。

（2）命令行：UNITS 或 UN。

在启动【单位】命令后，系统将打开【图形单位】对话框，如图2-17所示。

图2-17 【图形单位】对话框

❶ 长度	在【长度】区域中可设置图形单位在矢量方向上的计量方式和精度值，其类型一般有小数、分数、工程、建筑和科学几种计量方式
❷ 角度	在【角度】区域中可设置图形单位在二维平面上的角度计量方式和精度值，其类型一般有十进制度数、百分度、弧度等计量方式
❸ 缩放单位	在该设置区域中可设置外部图形块插入当前文件时的计量单位，一般有毫米、英寸、厘米、米等计量单位

2. 草图设置

打开【草图设置】对话框的方法主要有以下两种。

（1）菜单栏：【工具】→【绘图设置】命令。

（2）命令行：OSNAP 或 OS。

在启动【绘图设置】命令后，系统将打开【草图设置】对话框，选择【对象捕捉】选项卡，切换草图设置功能区域，如图2-18所示。

勾选【启用对象捕捉】选项，可打开或关闭系统的对象捕捉功能；勾选【启用对象捕捉追踪】选项，可打开或关闭对象捕捉追踪功能。

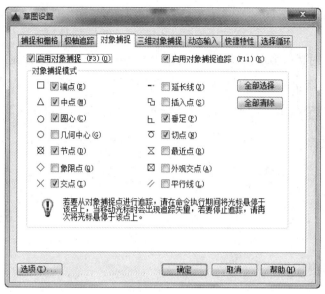

图2-18 【对象捕捉】选项卡

技 能 拓 展

当打开对象捕捉追踪功能后，在命令中指定特征点时，光标可沿其他捕捉点的对齐路径进行自动追踪。

2.3.2 图形文件保存设置

在AutoCAD系统中，低端版本的AutoCAD不能打开高端版本创建的图形文件。为方便各版本AutoCAD图形文件的转换，可通过在【选项】对话框中的【打开和保存】设置项进行文件保存类型的定义。

打开【选项】对话框的方法主要有以下两种。

（1）菜单栏：【工具】→【选项】命令。

（2）命令行：OPTIONS或OP。

在打开【选项】对话框后，选择【打开和保存】选项卡，切换功能设置区域。在【文件保存】区域中选择较低版本的图形文件格式，如"AutoCAD 2000/LT2000图形（*dwg）"格式，如图2-19所示。

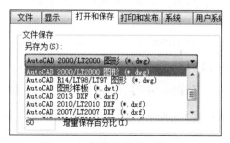

图2-19 设置文件的保存版本

2.3.3　绘图选项设置

在【选项】对话框中选择【绘图】选项卡，切换功能设置区域。在【自动捕捉标记大小】区域中，拖动滑块可自定义系统捕捉特征点的标记框大小，如图2-20所示；在【靶框大小】区域中，拖动滑块可自定义十字光标上的靶框大小，如图2-21所示。

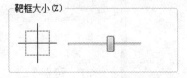

图2-20　设置捕捉标记大小　　　　　　　图2-21　设置靶框大小

2.3.4　选择集设置

在【选项】对话框中选择【绘图】选项卡，切换功能设置区域。在【拾取框大小】区域中，拖动滑块可自定义图形对象选取时的矩形框大小，如图2-22所示；在【夹点尺寸】区域中，拖动滑块可自定义图形对象选取后的矩形框大小，如图2-23所示。

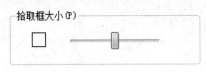
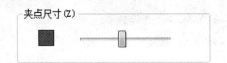

图2-22　设置拾取框　　　　　　　　图2-23　设置夹点框

2.4　图层的创建与管理

使用AutoCAD绘制机械图样时，可通过图层来分类管理不同的几何对象，如参考中心线、轮廓线、尺寸标注线等元素。

2.4.1　AutoCAD图层概述

在AutoCAD中，图层是多张对齐重合的假想透明图纸。通过在不同的图层上绘制不同的几何对象，再将其对齐重合放置，从而完成一幅机械图样的绘制，如图2-24所示。

【图层特性】命令的执行方法主要有以下3种。

（1）菜单栏：【格式】→【图层】命令。

（2）命令行：LAYER或LA。

（3）【图层】工具组：单击【图层特性】按钮。

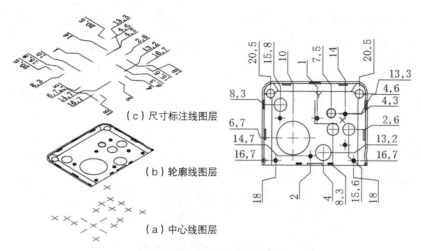

（c）尺寸标注线图层

（b）轮廓线图层

（a）中心线图层

图2-24 图层的基本概念

在启动【图层特性】命令后，系统将打开【图层特性管理器】对话框，如图2-25所示。在该对话框中单击【新建图层】按钮，系统将以0图层为参考对象，新建一个名为图层1的新层，且该图层与0图层的各项属性一致。

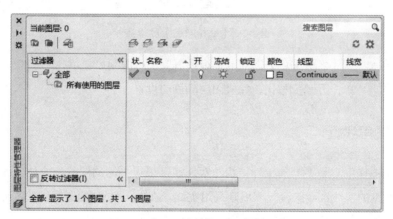

图2-25 【图层特性管理器】对话框

　　在新建图层后，系统将自动激活图层名称文本框，用户可直接修改新图层的名称。另外，可在选择图层后单击鼠标右键，在快捷菜单中选择【重命名图层】选项，也能修改新图层的名称。

2.4.2 图层颜色

　　为区分不同的图层对象，通常需要使用不同的显示颜色来区分图层类型。在AutoCAD中，图层颜色的定义主要有如下两种方式：一是使用【颜色】命令来设置当前图层的显示颜色，一是在【图层特性管理器】对话框中对指定的图层进行颜色设置。本节主要讲解在【图层特性管理器】对话框中设置图层颜色的相关操作。

步骤01 在【图层特性管理器】对话框中，选择需要修改显示颜色的图层。

步骤02 在选择的图层一栏中，单击颜色图标，系统将打开【选择颜色】对话框，如图2-26所示。

图2-26 【选择颜色】对话框

步骤03 在【索引颜色】选项卡中选择需要使用的颜色。

步骤04 单击 确定 按钮，完成图层颜色的设置。

2.4.3 图层线型

在机械图样中对于不同的机件结构轮廓，通常采用不同的图线来表达，如外形轮廓线采用带线宽的实线，而隐藏轮廓线则采用虚线。在AutoCAD的图层创建过程中，这些图线的类型都可在【图层特性管理器】对话框中进行快速的设置。

步骤01 在【图层特性管理器】对话框中，选择需要修改线型的图层。

步骤02 在选择的图层一栏中，单击线型的名称，系统将打开【选择线型】对话框，如图2-27所示。

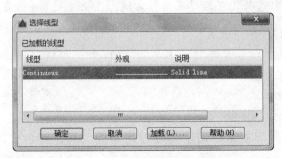

图2-27 【选择线型】对话框

步骤03 单击 加载(L)... 按钮，系统将打开【加载或重载线型】对话框，如图2-28所示。

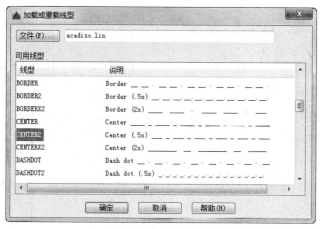

图2-28　【加载或重载线型】对话框

步骤04 在【加载或重载线型】对话框中选择需要加载的线型，再单击 确定 按钮，返回【选择线型】对话框。

步骤05 在【选择线型】对话框中选择已加载的线型，单击 确定 按钮完成图层线型的设置。

2.4.4　图层线宽

根据中国国家标准《机械制图》的相关规定，对于机械图样的外形轮廓线应采用具有一定宽度的实线来表达，而尺寸标注线、剖面线、辅助线等对象则采用细实线来表达。

在AutoCAD系统中图层线宽的定义主要有如下两种方式：一是直接在【图层特性管理器】对话框中设置出图层的显示线宽，另一种是使用【线宽】命令统一定义当前图形文件的线宽。本小节将讲解在【图层特性管理器】对话框中设置图层线宽的相关操作。

步骤01 在【图层特性管理器】对话框中，选择需要修改线宽的图层。

步骤02 在选择的图层一栏中，单击线宽显示名称，系统将打开【线宽】对话框，如图2-29所示。

温馨提示

在完成线宽设置后，需要在状态栏上单击【显示/隐藏线宽】按钮 ，才能正确显示出图形线宽。

图2-29　【线宽】对话框

步骤03 在【线宽】对话框中，选择需要使用的线宽类型，单击 确定 按钮完成图层线宽的设置。

2.4.5 图层切换方法

在完成图层的创建与设置后，就可在指定的图层上绘制机械图样结构。为将图形结构放置在指定的图层上，就需要将已设置的图层置为当前。

AutoCAD 图层切换的方法主要有以下3种。

（1）在【图层特性管理器】对话框中，先选择需要使用的图层，再单击【置为当前】按钮，系统将把选择的图层设置为当前激活的图层。

（2）在 AutoCAD【默认】功能选项卡的【图层】下拉列表中，选择需要设置为当前的图层，如图 2-30 所示。

（3）在【图层特性管理器】对话框中，先选择需要使用的图层，再单击鼠标右键，在弹出的快捷菜单中选择【置为当前】命令，如图 2-31 所示。

图 2-30　图层列表

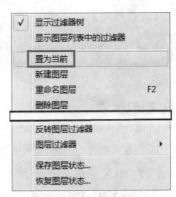

图 2-31　右键快捷菜单

2.4.6 图层状态控制

在 AutoCAD 的【图层特性管理器】对话框中，不仅能设置图层名称、图层线型、图层线宽，还可对指定的图层进行打开/关闭、冻结/解冻、锁定/解锁的操作。

1. 图层的打开 / 关闭

在 AutoCAD 默认的图层设置中，所有的图层都将处于打开状态，其图层中包含的图形结构都将完整地显示在绘图区中。

在【图层特性管理器】对话框中，单击图层栏中的【打开】按钮，系统将关闭指定的图层，并更改为暗色的【关闭】按钮。图形对象所在的图层被关闭后，将不再显示在绘图区中，也不能对其进行打印输出的相关操作。

2．图层的冻结／解冻

在【图层特性管理器】对话框中，单击指定图层栏中的【冻结】按钮☼，系统将对该图层进行冻结操作，并更改为雪花状的【解冻】按钮❄。图层被冻结后，其包含的图形对象将被隐藏并且也不能编辑其他状态。

通过单击【解冻】按钮❄，可将被冻结的图层进行解冻操作。

3．图层的锁定／解锁

在【图层特性管理器】对话框中，单击指定图层栏中的【锁定】按钮🔓，系统将对该图层进行锁定操作，并更改为【解锁】按钮🔒。图层被锁定后，其包含的图形对象将不能被编辑但会正常显示在绘图区中。通过单击【解锁】按钮🔓，可解锁被锁定的图层。

2.4.7 删除图层

使用AutoCAD绘制机械图样的过程中，针对冗余的图层可使用【图层删除】命令对其进行移除操作，从而简化【图层特性管理器】对话框中的图层。

在删除图层的操作中，系统创建的0图层、包含对象的图层，以及置为当前的图层将不能被删除。

执行【图层删除】命令的方法主要有以下两种。

（1）菜单栏：【格式】→【图层工具】→【图层删除】命令。

（2）图层特性管理器：在【图层特性管理器】对话框中单击【删除图层】按钮，可删除选定的未包含图形对象的图层。

课堂范例——创建中心点画线图层

使用【图层特性】命令打开【图层特性管理器】对话框，创建如图2-32所示的中心点画线图层。

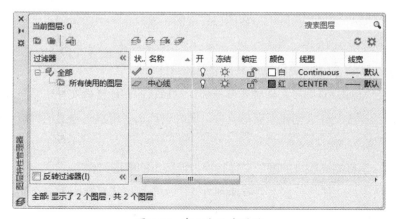

图2-32　中心点画线图层

步骤01 使用acadiso样板文件新建一个图形文件。

步骤02 在【图层】工具组中单击【图层特性】按钮，打开【图层特性管理器】对话框。

步骤03 定义图层名称。单击【新建图层】按钮，再将图层名称修改为中心线。

步骤04 定义图层颜色。单击中心线图层栏上的颜色图标，打开【选择颜色】对话框，再选择红色图块为当前图层的显示颜色，单击 确定 按钮完成图层颜色的设置。

步骤05 定义图层线型。单击中心线图层栏上的线型名称，打开【选择线型】对话框，单击 加载(L)... 按钮打开【加载或重载线型】对话框，选择CENTER线型为新加载的线型，如图2-33所示；单击 确定 按钮返回【选择线型】对话框，选择已加载的CENTER线型，单击 确定 按钮完成图层线型的设置。

图 2-33 加载新线型

步骤06 选择已创建的【中心线】图层，再单击【置为当前】按钮，将其设置为当前图层。

课堂问答

本章讲解了 AutoCAD 基础入门和图层管理的相关操作。下面将列出一些常见的问题供读者学习参考。

问题❶: 新建 AutoCAD 图形文件需要注意什么？

答：新建AutoCAD图形文件时通常需要注意加载的图形样板文件，系统一般会使用名为acadiso的样板文件来创建新图形文件，同时也可选择用户自定义的样板文件来创建符合行业制图标准的图形文件。

问题❷: 怎样将高版本的图形文件转换为低版本的图形文件？

答：转换图形文件的版本主要有两种方法，一是使用【另存为】命令将已打开的图形文件保存为低版本格式的图形文件，一是在【选项】对话框中的【打开和保存】功能选项中直接将系统默认的保存格式设置为较低版本的图形文件格式。

问题 ❸：在绘制机械图样中使用图层有什么作用？

答：一幅完整的机械图样包括了轮廓线、中心线、尺寸标注线及文字对象等内容，为方便批量操作，一般都需要对这些图形对象进行分类管理。将同类型的图形对象放入指定的图层后，可直接在【图层特性管理器】对话框中快速地对图形对象进行属性的批量修改。

🔲 上机实战——创建机械制图常用图层

下面就以图形机械制图中常用的图层为例，综合演示本章阐述的图层创建与管理技巧。

机械制图常用图层的效果展示如图2-34所示。

效果展示

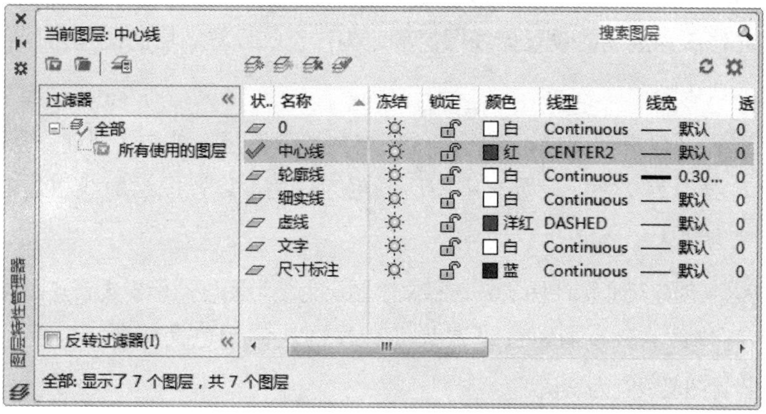

图2-34　机械制图常用图层的效果展示

思路分析

在创建机械制图常用图层的过程中，将演示AutoCAD机械制图的基本思路，重点体现AutoCAD机械制图样板文件中图层的创建方法。其主要有以下几个基本步骤。

- 新建图形文件并打开【图层特性管理器】对话框。
- 创建中心线图层。
- 创建轮廓线图层。
- 创建细实线图层。
- 创建虚线图层。
- 创建文字注释图层。
- 创建尺寸标注线图层。

步骤01 使用acadiso样板文件新建一个图形文件，在【图层】工具组中单击【图层特性】按钮，打开【图层特性管理器】对话框。

步骤02 创建中心线图层。单击【新建图层】按钮，再将图层名称修改为中心线；设置中心线图层颜色为红色，设置中心线图层的线型为CENTER2，使用系统默认的线宽。

步骤03 创建轮廓线图层。选择中心线图层为参考图层，单击【新建图层】按钮，再将图层名称修改为轮廓线；设置轮廓线图层颜色为白色，设置图层线型为Continuous，设置图层线宽为0.3mm。

步骤04 创建细实线图层。选择轮廓线图层为参考图层，单击【新建图层】按钮，再将图层名称修改为细实线；设置细实线图层颜色为白色，设置图层的线型为Continuous，设置图层线宽为默认。

步骤05 创建虚线图层。选择细实线图层为参考图层，单击【新建图层】按钮，再将图层名称修改为虚线；设置虚线图层颜色为洋红，设置图层的线型为DASHED，设置图层线宽为默认。

步骤06 创建文字图层。选择虚线图层为参考图层，单击【新建图层】按钮，再将图层名称修改为文字；设置文字图层颜色为白色，设置图层的线型为Continuous，设置图层线宽为默认。

步骤07 创建尺寸标注图层。选择文字图层为参考图层，单击【新建图层】按钮，再将图层名称修改为尺寸标注；设置尺寸标注图层的颜色为蓝色，设置图层线型为Continuous，设置图层线宽为默认。

步骤08 选择中心线图层，单击【置为当前】按钮，系统将把中心线图层设置为当前激活的图层。

🌐 同步训练——绘制五角星图形

绘制五角星图形的图解流程如图2-35所示。

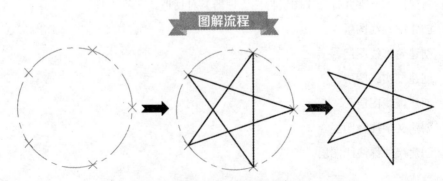

图2-35 绘制五角星图形的图解流程

思路分析

在本例中将采用图层分类管理的方式来完成五角星图形的绘制，首先在中心线图层中创建参考圆形和特征点，再在轮廓线图层中绘制出五角星的图形结构。

关键步骤

步骤01 在【图层特性管理器】对话框中，创建机械制图常用图层，如图2-36所示。

步骤02 在中心线图层中绘制半径为30的参考圆形，再创建出定数等分特征点，如图2-37所示。

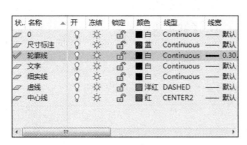

图2-36 创建图层

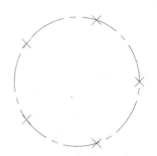

图2-37 绘制参考圆与特征点

步骤03 在轮廓线图层中绘制出连接特征点的直线段，如图2-38所示。

步骤04 在【图层特性管理器】对话框中，将中心线图层关闭，如图2-39所示。

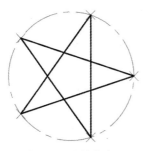

图2-38 绘制直线段

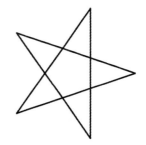

图2-39 独立显示轮廓线图层

知识与能力测试

本章讲解了使用AutoCAD机械绘图的基础入门操作，为对知识进行巩固和考核，布置相应的练习题。

一、填空题

1. AutoCAD系统默认的工作空间是_____。

2. 用于三维实体造型的工作空间是_____和_____。

3. 按下【F3】键，可打开或关闭_____。

4．图层的常见控制方式有_____、_____和_____。

二、选择题

1．下列哪个快捷命令可打开【图形单位】对话框？（　　）

    A．【UN】　　　　　　B．【OP】　　　　　　C．【OS】　　　　　　D．【CO】

2．下面哪个快捷命令可打开【选项】对话框？（　　）

    A．【OP】　　　　　　B．【CP】　　　　　　C．【OS】　　　　　　D．【UN】

3．下面哪个快捷命令可打开【图层特性管理器】对话框？（　　）

    A．【LA】　　　　　　B．【OP】　　　　　　C．【UN】　　　　　　D．【OS】

4．下面哪个图层不能被删除？（　　）

    A．【0图层】　　　　　　　　　　　B．【中心线图层】

    C．【轮廓线图层】　　　　　　　　　D．【细实线图层】

三、简答题

1．怎样设置AutoCAD的图形单位？

2．怎样设置系统默认的图形文件版本格式？

3．图层的创建主要有哪些内容？

AutoCAD
2016

第3章
绘制二维机械结构

　　本章对AutoCAD 2016的基础二维绘图工具进行详细的介绍，主要包括"点特征""直线类图形""圆弧类图形"和"多边形图形"。

　　使用AutoCAD 2016进行机械制图时，所有的结构图形基本上都由最简单的二维图形所构建。因此，熟练掌握AutoCAD基础二维绘图工具是进行机械制图的基本前提。

学习目标

- 了解点特征的几种创建方式
- 掌握单点与定数等分点的创建方法
- 熟练掌握直线、构造线的基本创建方法
- 掌握圆、圆弧的基本创建方法
- 了解椭圆、椭圆弧的几种创建方式
- 掌握矩形与正多边形的创建方法

高效绘图辅助工具

在使用 AutoCAD 绘制机械结构时，可通过"极轴追踪""正交模式""对象捕捉"和"对象捕捉追踪"等功能来精确定位图元的位置，从而达到精确、高效绘图的设计目的。

3.1.1 使用坐标绘制图形

在 AutoCAD 中，系统提供了使用坐标系精确绘制图形的方法，用户可通过使用精确定位坐标的方法完成图形的绘制。

在 AutoCAD 2016 设计系统中，所有的图形都将以 x 轴和 y 轴作为定位参考。在绘制二维图形结构时，用户可通过分别指定 x 轴和 y 轴的距离值确定某点的空间位置。

通过坐标定位绘制图形的方法主要有如下几种。

1. 绝对直角坐标

绝对直角坐标是以 x 轴与 y 轴的交点为参考原点，再通过定义对象在 x 轴和 y 轴上的距离，从而完成图形对象空间定位。

步骤01 在【绘图】工具组中单击【直线】按钮 ⁄。

步骤02 定义第一点。在命令行中输入点 A 的坐标（0，0），再按下空格键。

步骤03 定义第二点。在命令行中输入点 B 的坐标（50，50），再按下空格键。

步骤04 按下【Esc】键，完成直线的绘制并退出，如图 3-1 所示。

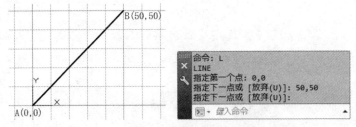

图 3-1　使用绝对直角坐标绘制图形

使用绝对直角坐标绘制图形时，其基本输入格式为 (x, y)。如当前系统不在绝对直角坐标的设置环境下，可先输入 # 符号，再分别指定 x 轴、y 轴的距离值。

2. 相对直角坐标

在 AutoCAD 2016 中，相对直角坐标是使用前一个图形的端点作为参考对象，从而完成当前图形端点的定位。相对直角坐标的输入格式是先输入一个 @ 符号，再分别指定在x轴和y轴上的距离。

步骤01　在【绘图】工具组中单击【直线】按钮。

步骤02　定义第一点。在命令行中输入点A的坐标（0，0），再按下空格键。

步骤03　定义第二点。在命令行中输入点B的坐标（@50，0），再按下空格键。

步骤04　定义第三点。在命令行中输入点C的坐标（@-25，43.3），再按下空格键。

步骤05　封闭图形。在命令行中输入字母C，按下空格键完成图形的绘制，如图3-2所示。

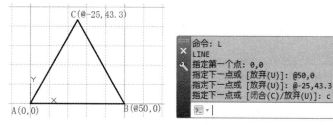

图3-2　使用相对直角坐标绘制图形

技 能 拓 展

在AutoCAD 2016版本中，系统通常会默认使用相对直角坐标的设置环境，因此在指定坐标时也可不必输入@符号。

3．绝对极坐标

在AutoCAD 2016中，绝对极坐标是由两端点的长度与水平正东方向所形成的角度来表示。其输入格式是先指定端点与原点的距离，再用一个小于符号进行分隔，最后再指定一个角度值。

步骤01　在【绘图】工具组中单击【直线】按钮。

步骤02　定义第一点。在命令行中输入点A的坐标（0，0），再按下空格键。

步骤03　定义第二点。在命令行中输入点B的坐标（50<30），再按下空格键。

步骤04　按下【Esc】键，完成直线的绘制并退出，如图3-3所示。

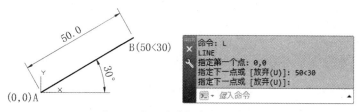

图3-3　使用绝对极坐标绘制图形

4．相对极坐标

相对极坐标是通过指定当前点与前一点的直线距离和角度来完成图形空间位置的定

义。其输入格式是先输入一个@符号，再输入当前点与前一点的距离值，最后输入小于符号和角度值。

步骤01 在【绘图】工具组中单击【直线】按钮。

步骤02 定义第一点。在命令行中输入点A的坐标（10<45），再按下空格键。

步骤03 定义第二点。在命令行中输入点B的坐标（@50<0），再按下空格键。

步骤04 定义第三点。在命令行中输入点C的坐标（@30<90），再按下空格键。

步骤05 定义第四点。在命令行中输入点D的坐标（@50<180），再按下空格键。

步骤06 封闭图形。在命令行中输入字母C，按下空格键完成图形的绘制，如图3-4所示。

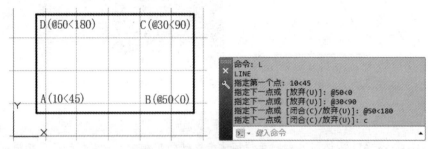

图3-4 使用相对极坐标绘制图形

3.1.2 使用栅格绘制图形

在使用AutoCAD进行制图的过程中，使用栅格功能和捕捉模式就像在绘有坐标轴的图纸上绘图一样，可直观地掌握图形的绘制距离，快速精确地定位出图形的空间位置。

1．使用栅格线

通过单击状态栏上的【显示图形栅格】按钮，可快速打开或关闭绘图区域中的辅助栅格线。当打开图形栅格时，系统将按照指定的栅格间距显示出辅助栅格线，如图3-5所示。

技能拓展

打开或关闭栅格线的其他操作方法如下。

（1）使用【Ctrl+G】组合键。

（2）使用快捷键【F7】。

（3）在命令行中输入字母OS，按下快捷键打开【草图设置】对话框，切换至【捕捉和栅格】功能选项卡，勾选或取消勾选□启用栅格 (F7)(G) 复选框。

（4）执行下拉菜单【工具】→【绘图设置】命令，系统将打开【草图设置】对话框，切换至【捕捉和栅格】功能选项卡，勾选或取消勾选□启用栅格 (F7)(G) 复选框。

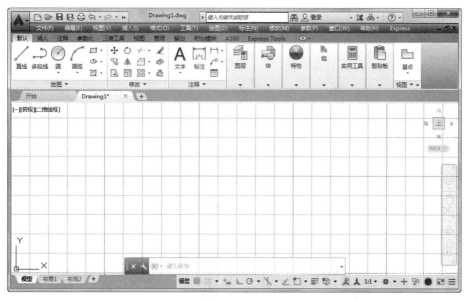

图 3-5　显示栅格线

2．使用栅格线捕捉

通过单击状态栏上的【捕捉模式】按钮█，可快速地用十字光标捕捉到栅格线的交点，从而达到精确定位图形提高绘图效率的目的。

技能拓展

打开或关闭栅格捕捉模式的其他操作方法如下。

（1）使用【Ctrl+B】组合键。

（2）使用快捷键【F9】。

（3）在命令行中输入字母OS，按下快捷键打开【草图设置】对话框，切换至【捕捉和栅格】功能选项卡，勾选或取消勾选 复选框。

（4）执行下拉菜单【工具】→【绘图设置】命令，系统将打开【草图设置】对话框，切换至【捕捉和栅格】功能选项卡，勾选或取消勾选 复选框。

另外，在使用栅格捕捉模式绘制图形前，还需要在【草图设置】对话框中的【捕捉和栅格】功能选项卡里面分别设置栅格间距与捕捉间距。

栅格间距用于设置当前栅格辅助线之间的距离，其主要包括了x轴的间距设置、y轴的间距设置以及栅格主线之间的栅格数量设置，如图3-6所示。

捕捉间距用于设置十字光标捕捉栅格线交点的距离值，其主要包括了x轴的捕捉间距设置、y轴的捕捉间距设置，如图3-7所示。

栅格间距

栅格 X 轴间距(N):	10.0000
栅格 Y 轴间距(I):	10.0000
每条主线之间的栅格数(J):	5

图3-6　设置栅格间距

捕捉间距

| 捕捉 X 轴间距(P): | 10.0000 |
| 捕捉 Y 轴间距(C): | 10.0000 |

☑ X 轴间距和 Y 轴间距相等(X)

图3-7　设置捕捉间距

3.1.3　使用正交模式绘制图形

在使用 AutoCAD 绘制图形的过程中，常需要只允许十字光标在绘图区中进行水平或垂直方向的移动，以方便用户快速地绘制出水平或垂直的线型图形。

通过单击状态栏上的【正交限制光标】按钮，可快速打开或关闭 AutoCAD 的正交模式。当打开正交模式后，绘制直线、移动或复制图形时，系统就能沿水平或垂直方向进行操作；当关闭正交模式后，绘制直线、移动或复制图形时，则可以沿斜线方向进行操作，如图3-8所示。

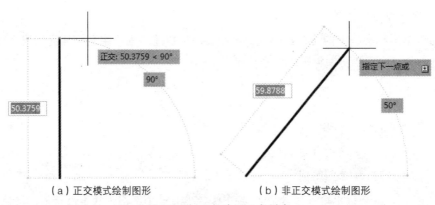

（a）正交模式绘制图形　　　　　（b）非正交模式绘制图形

图3-8　打开或关闭正交模式

技 能 拓 展

打开或关闭 AutoCAD 正交模式的其他操作方法如下。

（1）使用【Ctrl+L】组合键。

（2）使用快捷键【F8】。

3.1.4　使用二维对象捕捉点

在使用 AutoCAD 进行精确绘图的过程中，经常需要在已知的图形上选取某个特征点作为新图形的参考对象，如圆心点、端点、中点、交点等。因此，使用 AutoCAD 系统提供的【对象捕捉】工具就能快速、准确地捕捉到用户需要的特征点，从而精确地定位图形。

执行下拉菜单【工具】→【绘图设置】命令，系统将弹出【草图设置】对话框，再切换至【对象捕捉】功能选项卡，如图3-9所示。

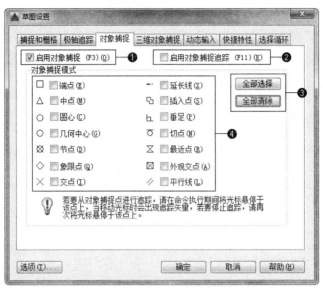

图3-9 【草图设置】对话框

❶启用对象捕捉	勾选此选项后，系统将开启对象捕捉模式。另外，单击状态栏上的【将光标捕捉到二维参照点】按钮口或按快捷键【F3】，也可以快速打开或关闭对象捕捉功能
❷启用对象捕捉追踪	勾选此选项后，系统将开启捕捉追踪，十字光标可沿基于其他对象捕捉点的对齐路径进行追踪。另外，按快捷键【F11】可以快速打开或关闭对象捕捉追踪功能
❸全部选择与全部清除	单击 全部选择 按钮，可同时勾选14个对象捕捉特征点；单击 全部清除 按钮，可取消勾选当前已勾选的对象捕捉特征点
❹对象捕捉特征点	在对象捕捉模式区域中，系统将提供常用的捕捉特征点，其主要包括了端点、中点、圆心、切点等14个选项

课堂范例——使用辅助工具绘制平面图形

使用坐标定位、栅格定位、正交模式以及二维对象捕捉模式绘制如图3-10所示的平面图形。

步骤01 执行下拉菜单【工具】→【绘图设置】命令，系统将打开【草图设置】对话框，再切换至【捕捉和栅格】功能选项卡。

步骤02 在【捕捉间距】与【栅格间距】区域中分别设置x轴、y轴的间距为6，如图3-11所示。

步骤03 分别按【F7】键和【F9】键，开启栅格线与栅格捕捉模式；按【F8】

键，打开正交模式；按住【Ctrl】键将坐标系与栅格线进行对齐。

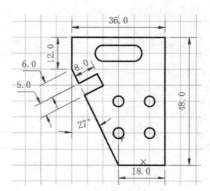

图 3-10　使用辅助工具绘制平面图形

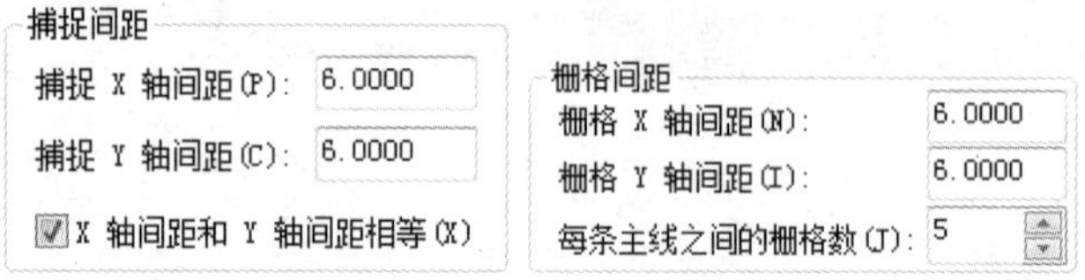

捕捉间距		栅格间距	
捕捉 X 轴间距(P):	6.0000	栅格 X 轴间距(N):	6.0000
捕捉 Y 轴间距(C):	6.0000	栅格 Y 轴间距(I):	6.0000
☑ X 轴间距和 Y 轴间距相等(X)		每条主线之间的栅格数(J):	5

图 3-11　设置栅格与捕捉间距

步骤 04　在【绘图】工具组中单击【直线】按钮，捕捉坐标系原点为直线起点，再连续捕捉栅格线的交点绘制如图 3-12 所示的直线段。

步骤 05　在命令行中输入坐标（@6<-63），按下空格键完成直线的绘制；在命令行中输入坐标（@8<27），按下空格键完成直线的绘制；在命令行中输入坐标（@5<-63），按下空格键完成直线的绘制；在命令行中输入坐标（@8<-153），按下空格键完成直线的绘制；在命令行中输入字母C，按下空格键完成直线的绘制，如图 3-13 所示。

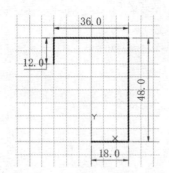

图 3-12　使用栅格捕捉绘制直线

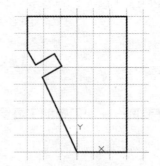

图 3-13　使用坐标绘制直线

步骤 06　在【绘图】工具组中单击【圆心、半径】按钮，分别捕捉栅格交点为圆心，绘制两个半径为3的圆形，绘制4个半径为2的圆形，如图 3-14 所示。

步骤 07　再次按【F9】键，关闭捕捉模式；按【F3】键，打开对象捕捉功能。

步骤 08　在【绘图】工具组中单击【直线】按钮，分别捕捉两个圆形的象限点，绘制两条水平直线；在【修改】工具组中单击【修剪】按钮，完成两圆形内侧部分的修剪操作，如图3-15所示。

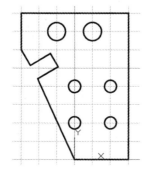

图3-14 使用栅格捕捉绘制圆形

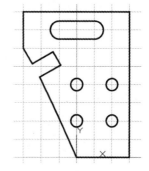

图3-15 捕捉特征点绘制直线

3.2 绘制点、线结构

在AutoCAD设计系统中，点特征作为一种较为基础的图形对象，在机械制图中常用作其他图形对象的参考点或参照对象。

使用AutoCAD创建特征点的方式主要有如下几种。

（1）单点：用于单次创建一个特征点，在完成点的绘制后系统将自动退出该命令。

（2）多点：用于连续创建多个特征点，需要用户手动退出该命令。

（3）定数等分点：用于在其他已知图形对象上创建出指定等分数量的特征点。

（4）定距等分点：用于在其他已知图形对象上创建出指定等分距离的特征点。

在AutoCAD的默认点样式中，特征点一般较小且不易观察和选取，因此在创建特征点之前应首先对点样式进行相应的设置。选择下拉菜单【格式】→【点样式】命令，弹出【点样式】对话框，如图3-16所示。

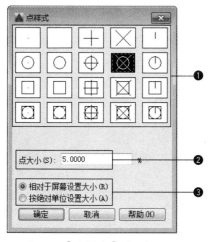

图3-16 【点样式】对话框

温馨提示　勾选【按绝对单位设置大小】选项后，特征点的显示大小将不会随视图的缩放而发生变化。

❶特征点样式	用于选择当前图形文件特征点的显示样式
❷点大小	用于设置当前特征点的显示大小
❸点大小参考选项	用于设置特征点的显示尺寸的参考方式。当选择【相对于屏幕设置大小】选项时，系统将按照视图的缩放比例实时地改变当前文件中特征点的大小；当选择【按绝对单位设置大小】选项时，系统就按照设置的尺寸显示特征点

在AutoCAD设计系统中，二维直线型图形主要有直线、射线、构造线及平行线4种常见类型，其中又以直线和构造线使用较为普遍。

直线一般用于机械图形外形轮廓的绘制，而构造线一般用于整个视图的辅助对齐与特征投影操作。因此，掌握直线与构造线的基本绘制方法是进行机械制图的基本要求。

3.2.1 单点与多点

在AutoCAD机械制图中，点特征一般作为几何参考对象使用，其常用的创建方式主要有单点和多点两种。

1．单点

单点是使用十字光标在绘图区中直接创建的点特征，一般每次只能创建一个点特征，且在创建完成后系统会自动退出单点命令。

步骤01 执行下拉菜单【绘图】→【点】→【单点】命令。

步骤02 在绘图区域中的任意位置单击鼠标左键，完成单点的创建。

2．多点

多点是使用十字光标在绘图区中连续多次创建的点特征，一般在完成点的创建后需要用户手动退出该命令。

步骤01 在【默认】选项卡中的【绘图】工具组中单击 绘图▼ 按钮，在展开的下拉列表中单击【多点】按钮 。

步骤02 在绘图区域中的任意位置连续单击鼠标左键，完成多个特征点的创建。

3.2.2 定距与定数等分点

在已知的图形对象上创建特征点的方法主要有定距等分和定数等分两种。

1．定距等分点

定距等分点是通过在某个图形对象上使用相对距离来创建的一组连续特征点。【定距等分】命令的执行方法有以下3种。

（1）菜单栏：【绘图】→【点】→【定距等分】命令。

（2）命令行：MEASURE 或 ME。

（3）在【默认】选项卡中的【绘图】工具组中单击[绘图 ▼]按钮，在展开的下拉列表中单击【定距等分】按钮▣。

打开光盘文件"素材与结果文件\第3章\素材文件\3-1.dwg"，如图3-17左图所示；使用【定距等分】和【直线】命令将左图修改为右图。

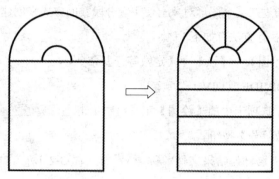

图 3-17 使用定距等分点绘制图形

步骤01 在展开的【绘图】工具组列表中单击【定距等分】按钮▣。

步骤02 选择外侧的圆弧为定距等分的图形对象，在命令行中输入长度距离值25.12，再按下空格键完成定距等分点的创建。

步骤03 再次单击【定距等分】按钮▣，选择内侧的圆弧为定距等分的图形对象，在命令行中输入长度距离值7.85，按下空格键完成定距等分点的创建，如图3-18左图所示。

技能拓展

在创建定距等分点时，系统将自动选取靠近拾取对象的某个端点作为定距等分计算的参考点。

步骤04 在展开的【绘图】工具组列表中单击【定距等分】按钮▣。

步骤05 选择左侧垂直直线为定距等分的图形对象，在命令行中输入长度距离值18，按下空格键完成定距等分点的创建。

步骤06 在右侧垂直直线上创建长度值为18的定距等分点，如图3-18右图所示。

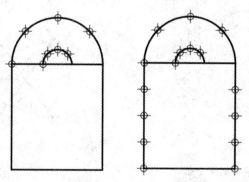

图 3-18 创建定距等分点

步骤07 在【绘图】工具组中单击【直线】按钮，分别选择图形上的定距等分点作为直线的两端点，绘制出6条连接直线。

步骤08 选择图形上已创建的定距等分点，再按【Delete】键删除定距等分点。

2. 定数等分点

定数等分点是通过在某个图形对象上使用等分段数的方式来创建的一组连续特征点。【定数等分】命令的执行方法有如下3种。

（1）菜单栏：【绘图】→【点】→【定数等分】命令。

（2）命令行：DIVIDE 或 DIV。

（3）在【默认】选项卡中的【绘图】工具组中单击 绘图▼ 按钮，在展开的下拉列表中单击【定数等分】按钮。

打开光盘文件"素材与结果文件\第3章\素材文件\3-2.dwg"，如图3-19左图所示；使用【定数等分】和【直线】命令将左图修改为右图。

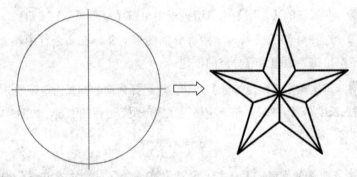

图3-19 使用定数等分点绘制图形

步骤01 在展开的【绘图】工具组列表中单击【定数等分】按钮。

步骤02 选择圆形为定数等分的图形对象，在命令行中输入定数等分数量5，按下空格键完成定数等分点的创建，如图3-20所示。

步骤03 在【绘图】工具组中单击【直线】按钮，分别选择图形上的定数等分点作为直线段的各端点，绘制出5条连续的直线段，如图3-21所示。

图3-20 创建定数等分点　　　　图3-21 绘制连接直线

步骤04 在【修改】工具组中单击【修剪】按钮⊡，完成连接直线段的修剪操作；在【修改】工具组中单击【旋转】按钮⊙，将已修剪的直线段进行旋转操作，如图3-22所示。

步骤05 在【绘图】工具组中单击【直线】按钮⧄，分别选择已知直线的端点为起点和终点，绘制出5条连接直线，如图3-23所示。

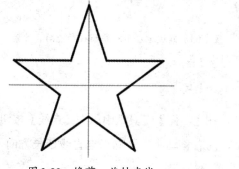

图3-22 修剪、旋转直线

图3-23 绘制直线

3.2.3 绘制直线结构

直线结构是整个机械制图中使用最为普遍的一种图形元素，它是AutoCAD中最为常用的二维图形结构之一，很多规则图形基本上都由其组成。

在AutoCAD中，【直线】命令的执行方法主要有以下3种。

（1）菜单栏：【绘图】→【直线】命令。

（2）命令行：LINE或L。

（3）【绘图】工具组：单击【直线】按钮⧄。

打开光盘文件"素材与结果文件\第3章\素材文件\3-3.dwg"，如图3-24左图所示；使用【直线】命令将左图修改为右图。

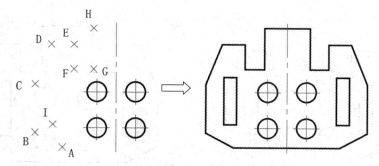

图3-24 绘制直线结构图形

步骤01 在【绘图】工具组中单击【直线】按钮⧄。

步骤02 依次选择A、B、C、D、E、F、G、H点作为直线的通过点，按下空格键完成直线段的绘制，如图 3-25 所示。

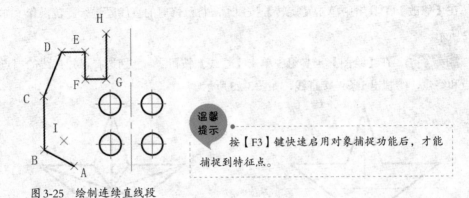

温馨提示

按【F3】键快速启用对象捕捉功能后，才能捕捉到特征点。

图 3-25　绘制连续直线段

步骤 03　按【F8】键开启正交模式，在【绘图】工具组中单击【直线】按钮。

步骤 04　选择 I 点作为直线的起点，向右移动十字光标指定直线延长方向，在命令行中输入直线长度值 8，再按下空格键完成直线的定义。

步骤 05　向上移动十字光标指定直线延长方向，在命令行中输入直线长度值 29，再按下空格键完成直线的定义。

步骤 06　向左移动十字光标指定直线延长方向，在命令行中输入直线长度值 8，再按下空格键完成直线的定义。

步骤 07　在命令行中输入字母 C，再按下空格键完成直线的绘制，如图 3-26 所示。

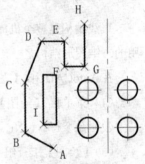

图 3-26　绘制封闭直线段

步骤 08　在【修改】工具组中单击【镜像】按钮，将已绘制的直线对象通过垂直中心线进行镜像复制操作，如图 3-27 所示。

步骤 09　在【绘图】工具组中单击【直线】按钮，分别捕捉已知直线的端点，绘制如图 3-28 所示的两条水平连接直线。

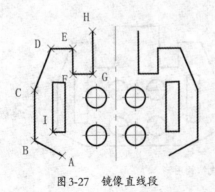

图 3-27　镜像直线段

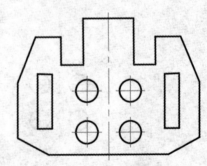

图 3-28　绘制水平连接直线

在执行【直线】命令过程中，各子选项含义如下。

- 指定第一个点：提示用户在绘图区域中选择某个特征点作为直线的起点。

- 指定下一点：提示用户在绘图区域中选择某个特征点作为直线的下一个通过点。

- 放弃（U）：删除最后选择的通过点，如多次输入U将按照绘制顺序的逆向逐个删除通过点。

- 闭合（C）：在指定3个直线通过点后，系统将出现此子选项。在命令行中输入字母C，再按下空格键确定，可在直线段的起始点之间绘制一条直线，从而形成一个封闭的线段轮廓。

3.2.4 绘制平行线结构

在AutoCAD系统中，使用【多线】命令可快速绘制出具有平行关系的多条直线图形。【多线】命令的执行方法主要有以下两种。

（1）菜单栏:【绘图】→【多线】命令。

（2）命令行：MLINE 或 ML。

打开光盘文件"素材与结果文件\第3章\素材文件\3-4.dwg"，如图3-29左图所示；使用【多线】命令将左图修改为右图。

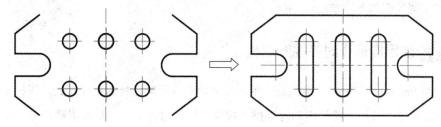

图3-29 绘制平行线结构图形

步骤01 执行下拉菜单【绘图】→【多线】命令，在命令行中输入字母S，按下空格键确定；在命令行中输入多线的比例值80，按下空格键完成多线比例的设置。

步骤02 捕捉左侧倾斜直线的端点为多线的起点，移动十字光标，捕捉右侧倾斜直线的端点为多线的终点，按下空格键完成水平平行线的绘制，如图3-30所示。

步骤03 执行下拉菜单【绘图】→【多线】命令，在命令行中输入字母S，按下空格键确定；在命令行中输入多线的比例值12，按下空格键完成多线比例的设置。

步骤04 分别捕捉圆形的右象限点为多线的起点和终点，绘制如图3-31所示的垂直平行线。

步骤05 在【修改】工具组中单击【修剪】按钮，完成圆形内侧部分的修剪操作。

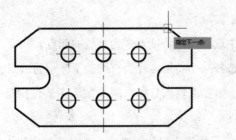

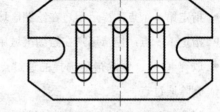

图 3-30 绘制水平平行线   图 3-31 绘制垂直平行线

在执行【多线】命令过程中，各子选项含义如下。

- 指定起点：提示用户在绘图区域中选择某个特征点作为多线的起点。

- 指定下一点：提示圆弧选择多线的下一个通过点。

- 对正（J）：用于设置多线输入点的偏移位置，主要有上、无、下3个选项。其中，当使用"无"选项时，多线的中心线将随十字光标移动。

- 比例（S）：用于设置多线的平行宽度值。

- 样式（ST）：用于设置多线的使用样式，在启动该选项命令后，再输入已定义的样式名称就可在当前图形中列出所有的多线样式。

- 闭合（C）：在指定3个多线通过点后，系统将出现此子选项。在命令行中输入字母C，再按下空格键确定，可在多线的起始点之间进行连接和修剪，从而形成一个封闭的轮廓图形。

3.2.5 使用构造线对齐视图结构

在 AutoCAD 系统中，构造线是一条没有起始点且无限延长的直线对象。在机械制图中，构造线则一般用于各视图的特征投影操作或轮廓对齐操作，从而保证产品的各视图特征具有"长对正、高平齐、宽相等"的投影关系。

在 AutoCAD 中，【构造线】命令的执行方法主要有以下3种。

（1）菜单栏：【绘图】→【构造线】命令。

（2）命令行：XLINE 或 XL。

（3）在【默认】选项卡中的【绘图】工具组中单击 [绘图 ▼] 按钮，在展开的下拉列表中单击【构造线】按钮 。

打开光盘文件"素材与结果文件\第3章\素材文件\3-5.dwg"，如图3-32左图所示；使用【构造线】命令将左图修改为右图。

步骤01   在展开的【绘图】工具组列表中单击【构造线】按钮 。

步骤02   在命令行中输入字母H，按下空格键确定；分别捕捉左视图上的3个端点为构造线的通过点，绘制如图3-33所示的水平构造线。

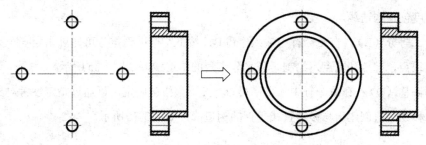

图 3-32 使用构造线绘制图形

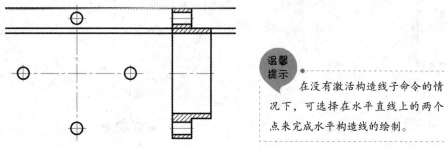

图 3-33 绘制水平构造线

步骤03 按【Esc】键，完成构造线的绘制并退出。

步骤04 在【绘图】工具组中单击【圆心、半径】按钮◎，捕捉中心线交点为圆心，捕捉水平构造线上的垂直点为圆的通过点，分别绘制3个同心圆，如图3-34所示。

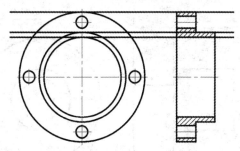

图 3-34 绘制视图投影轮廓

步骤05 选择3条水平构造线，再按【Delete】键删除构造线。

在执行【构造线】命令过程中，各子选项含义如下。

- 指定点：执行【构造线】命令后，系统默认使用此选项。一般直接选择图形区中的任意两个特征点即可定义出构造线。

- 水平（H）：在命令行中输入字母H，按下空格键确定，系统将只能绘制水平的构造线。

- 垂直（V）：在命令行中输入字母V，按下空格键确定，系统将只能绘制垂直的构造线。

- 角度（A）：在命令行中输入字母A，按下空格键确定，系统可按照指定的倾斜角度创建构造线。

- 二等分（B）：在命令行中输入字母B，按下空格键确定，可通过指定一个夹角的顶点、起点和端点，绘制一条平分夹角的构造线，如图3-35所示。
- 偏移（O）：在命令行中输入字母O，按下空格键确定，可通过指定参考对象和偏移距离值创建出与参考直线平行的构造线，如图3-36所示。

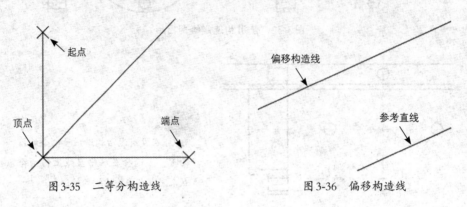

图3-35　二等分构造线　　　　　　　　　图3-36　偏移构造线

课堂范例——绘制座台视图

使用【直线】、【构造线】等绘图命令、图层管理操作及机械制图的基本投影原则，绘制如图3-37所示的座台零件视图。

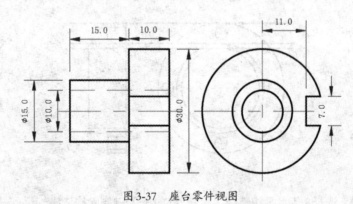

图3-37　座台零件视图

步骤01　使用光盘文件"素材与结果文件"文件夹中的GB标准样板文件，新建图形文件。

步骤02　在【图层】工具栏中，选择【轮廓线】图层。

步骤03　在【绘图】工具组中单击【直线】按钮，绘制水平长度为10，垂直高度为30的封闭直线轮廓，如图3-38所示。

步骤04　在【图层】工具栏中，选择【中心线】图层。

步骤05　在展开的【绘图】工具组列表中单击【构造线】按钮，分别捕捉两垂直直线的中点为构造线的两个通过点，绘制一条水平的参考构造线。

步骤06 在【修改】工具组中单击【偏移】按钮⬚，将水平构造线分别向上下各偏移3.5，5，7.5；将左侧垂直直线向左偏移15，如图3-39所示。

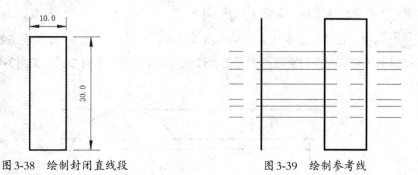

图3-38 绘制封闭直线段 图3-39 绘制参考线

步骤07 在【图层】工具栏中，选择【轮廓线】图层。

步骤08 在【绘图】工具组中单击【直线】按钮⬚，捕捉偏移构造线与垂直直线的交点，分别绘制4条水平直线，如图3-40所示。

步骤09 在【图层】工具栏中，选择【虚线】图层。

步骤10 在【绘图】工具组中单击【直线】按钮⬚，捕捉偏移构造线与垂直直线的交点，分别绘制两条水平直线，如图3-40所示。

步骤11 在【修改】工具组中单击【修剪】按钮⬚，完成偏移垂直直线、中心构造线的修剪操作；选择6条偏移的水平构造线，再按【Delete】键删除构造线，如图3-41所示。

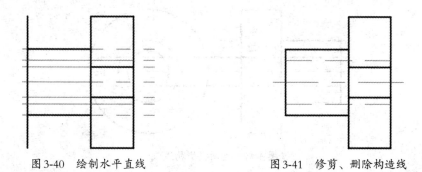

图3-40 绘制水平直线 图3-41 修剪、删除构造线

步骤12 在展开的【绘图】工具组列表中单击【构造线】按钮⬚，分别捕捉主视图上的直线端点，绘制如图3-42所示的3条水平构造线。

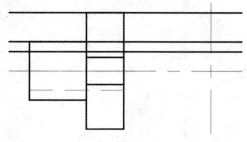

图3-42 绘制投影构造线

步骤13 在【图层】工具栏中，选择【中心线】图层。

步骤14 在展开的【绘图】工具组列表中单击【构造线】按钮，在主视图的右侧绘制一条垂直的构造线，如图3-42所示。

步骤15 在【绘图】工具组中单击【圆心、半径】按钮，捕捉构造线交点为圆心，捕捉水平构造线上的垂直点为圆的通过点，分别绘制3个同心圆，如图3-43所示。

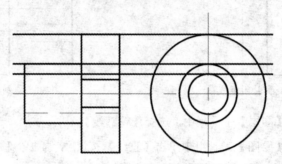

图 3-43　绘制同心圆形

步骤16 选择3条水平构造线，再按【Delete】键删除构造线。

步骤17 在展开的【绘图】工具组列表中单击【构造线】按钮，捕捉主视图上两直线的端点，绘制两条水平构造线，如图3-44所示。

步骤18 在【修改】工具组中单击【偏移】按钮，将左视图上的垂直构造线向右偏移11，如图3-44所示。

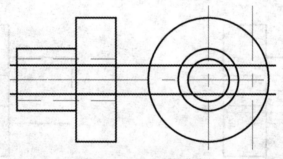

图 3-44　绘制投影构造线

步骤19 在【修改】工具组中单击【修剪】按钮，完成左视图的修剪操作；将修剪后的垂直直线移动至【轮廓线】图层，如图3-45所示。

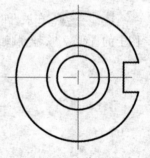

图 3-45　修剪图形

3.3 绘制圆弧结构

在AutoCAD系统中，绘制圆弧结构的命令主要有圆、圆弧、椭圆和椭圆弧4种。

3.3.1 绘制圆形结构

圆形结构主要有6种创建方式，而【圆心、半径】命令则是最基本的绘制方法，其他子项命令既可以在此命令中进行切换，也可以使用单独激活命令的方式来启用，如图3-46所示。

对于一般的圆形，可使用【圆心、半径】或【圆心、直径】命令来绘制；对于需要通过两个或三个特征点的圆形，可使用【两点】或【三点】命令来绘制；对于相切于其他图形对象的圆形，可使用【相切、相切、半径】或【相切、相切、相切】命令来绘制，关于圆形的其他绘制方法如图3-47所示。

图 3-46 【圆】命令列表

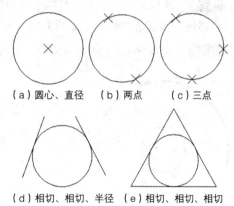

（a）圆心、直径 （b）两点 （c）三点

（d）相切、相切、半径 （e）相切、相切、相切

图 3-47 圆形的其他绘制方式

1．使用【圆心、半径】命令绘制圆

使用【圆心、半径】命令绘制二维圆形是最常用的方式，其主要是通过定义圆形的圆心位置和半径大小来完成圆形的定位与定形。

【圆心、半径】命令的执行方法主要有以下3种。

（1）菜单栏：【绘图】→【圆】→【圆心、半径】命令。

（2）命令行：CIRCLE 或 C。

（3）【绘图】工具组：单击【圆心、半径】按钮 。

打开光盘文件"素材与结果文件\第3章\素材文件\3-6.dwg"，如图3-48左图所示；使用【圆心、半径】命令将左图修改为右图。

步骤01 在【绘图】工具组中单击【圆心、半径】按钮 。

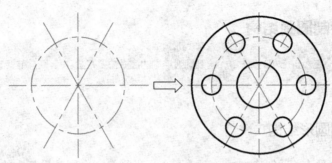

图 3-48　绘制圆形结构

步骤02　捕捉参考中心的交点为圆心，在命令行中输入圆形的半径值14，按下空格键完成圆形的绘制。

步骤03　在【绘图】工具组中单击【圆心、半径】按钮◎。

步骤04　捕捉参考中心的交点为圆心，在命令行中输入圆形的半径值42.5，按下空格键完成圆形的绘制，如图3-49所示。

步骤05　在【绘图】工具组中单击【圆心、半径】按钮◎。

步骤06　捕捉参考圆与水平直线的交点为圆心，在命令行中输入圆形的半径值为6，按下空格键完成圆形的绘制，如图3-50所示。

步骤07　使用上一次绘制圆形的半径参数和方法，绘制出其他圆形。

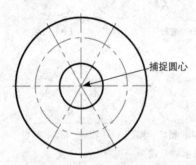

图 3-49　绘制两个不同心圆形

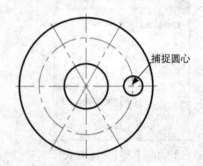

图 3-50　绘制圆形

技能拓展

　　在定义圆形的半径值时，也可以直接选取某个特征点作为圆形的通过点，从而定义出圆形的大小尺寸。

2. 使用【相切、相切、半径】命令绘制圆

【相切、相切、半径】命令的执行方法主要有以下3种。

（1）菜单栏：【绘图】→【圆】→【相切、相切、半径】命令。

（2）命令行：CIRCLE或C，再在命令行中输入字母T。

（3）【绘图】工具组：在展开的【圆】工具组中单击【相切、相切、半径】按钮◎。

打开光盘文件"素材与结果文件\第3章\素材文件\3-7.dwg",如图3-51左图所示；使用【相切、相切、半径】命令将左图修改为右图。

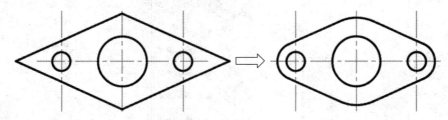

图3-51 绘制相切圆形

步骤01 在展开的【圆】工具组中单击【相切、相切、半径】按钮◎。

步骤02 在两条相交直线上分别选取两个切点为圆的通过点，在命令行中输入圆形的半径值35，按下空格键完成圆形的绘制，如图3-52所示。

步骤03 在展开的【圆】工具组中单击【相切、相切、半径】按钮◎。

步骤04 在右侧两相交直线上分别选取两个切点为圆的通过点，在命令行中输入圆形的半径值为15，按下空格键完成圆形的绘制，如图3-53所示。

步骤05 使用相同参数，绘制出相切于左侧两相交直线的圆形。

步骤06 在【修改】工具组中单击【修剪】按钮⊹，完成图形的修剪操作。

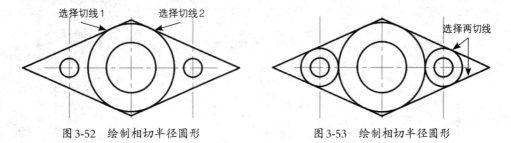

图3-52 绘制相切半径圆形   图3-53 绘制相切半径圆形

3.3.2 绘制圆弧结构

圆弧的绘制方法主要有11种，其中使用【三点】圆弧命令来绘制圆弧是最基本的方法，而其他绘制圆弧的命令则可在【三点】圆弧命令中通过子项命令的方式进行切换，同时又可使用独立的命令来启动。关于圆弧的命令按钮列表，如图3-54所示。

在绘制圆弧的过程中，可根据设计需要选择最适合的方式来快速绘制出圆弧曲线，关于圆弧的绘制方法如图3-55所示。

【三点】圆弧命令的执行方法主要有以下3种。

（1）菜单栏:【绘图】→【圆弧】→【三点】命令。

（2）命令行：ARC 或 A。

（3）【绘图】工具组：单击【三点】圆弧按钮◤。

图 3-54 【圆弧】命令列表

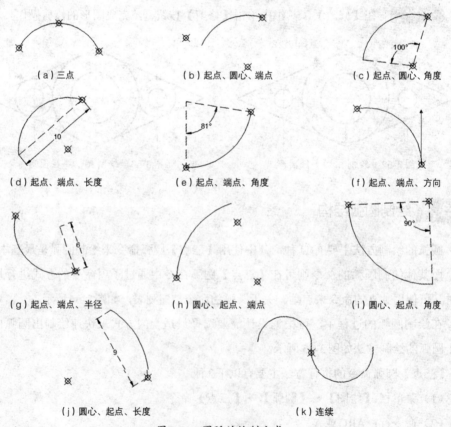

（a）三点　　　　　　（b）起点、圆心、端点　　　（c）起点、圆心、角度

（d）起点、端点、长度　　（e）起点、端点、角度　　　（f）起点、端点、方向

（g）起点、端点、半径　　（h）圆心、起点、端点　　　（i）圆心、起点、角度

（j）圆心、起点、长度　　　　　　　　（k）连续

图 3-55 圆弧的绘制方式

打开光盘文件"素材与结果文件\第3章\素材文件\3-8.dwg"，如图3-56左图所示；使用【三点】圆弧命令将左图修改为右图。

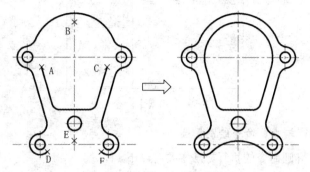

图3-56　绘制三点圆弧结构

步骤01　在展开的【圆弧】工具组中单击【三点】圆弧按钮 。

步骤02　依次选择A、B、C三个特征点作为圆弧的通过点，完成圆弧的绘制，如图3-57所示。

步骤03　在展开的【圆弧】工具组中单击【三点】圆弧按钮 。

步骤04　依次选择D、E、F三个特征点作为圆弧的通过点，完成圆弧的绘制，如图3-58所示。

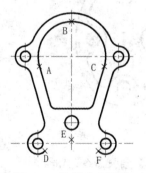

图3-57　绘制三点圆弧

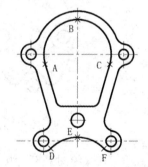

图3-58　绘制三点圆弧

在执行【三点】圆弧命令过程中，各子选项含义如下。

- 指定圆弧的起点：用于选择圆弧的起点。
- 指定圆弧的第二个点：用于选择圆弧的通过点。
- 指定圆弧的端点：用于选择圆弧的端点。

3.3.3　绘制椭圆与椭圆弧结构

绘制椭圆结构的命令主要有【圆心】、【轴、端点】以及【椭圆弧】3个基本命令，如图3-59所示。其中，使用【轴、端点】命令是绘制椭圆结构最常用的一种方式。

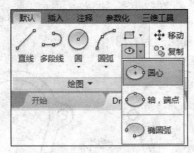

图3-59 【椭圆】命令列表

1. 使用【轴、端点】命令绘制椭圆

【轴、端点】椭圆命令的执行方法主要有以下3种。

（1）菜单栏：【绘图】→【椭圆】→【轴、端点】命令。

（2）命令行：ELLIPSE或EL。

（3）【绘图】工具组：单击【轴、端点】圆弧命令按钮 ⬭。

打开光盘文件"素材与结果文件\第3章\素材文件\3-9.dwg"，如图3-60左图所示；使用【轴、端点】椭圆命令将左图修改为右图。

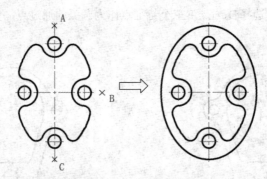

图3-60 绘制椭圆结构

步骤01 在【绘图】工具组中单击【轴、端点】圆弧命令按钮 ⬭。

步骤02 依次选择A、C点为椭圆的长轴端点，再选择B点为椭圆的短轴端点，系统将完成椭圆图形的绘制。

技能拓展

在定义长短轴端点时，也可通过移动十字光标来指定长短轴方向，再输入长度值，从而完成长短轴端点的定位。

2. 绘制椭圆弧

【椭圆弧】命令的执行方法主要有以下3种。

（1）菜单栏：【绘图】→【椭圆】→【圆弧】命令。

（2）命令行：ELLIPSE或EL，再在命令行中输入字母A。

（3）【绘图】工具组：在展开的【椭圆】工具组中单击【椭圆弧】命令按钮 。

打开光盘文件"素材与结果文件\第3章\素材文件\3-10.dwg"，如图3-61左图所示；使用【椭圆弧】命令将左图修改为右图。

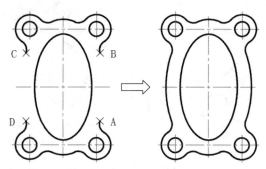

图3-61 绘制椭圆弧结构

步骤01 按【F8】键开启正交模式，在展开的【椭圆】工具组中单击【椭圆弧】命令按钮 。

步骤02 在命令行中输入字母C，按下空格键确定；选择水平中心线与垂直中心线的交点为椭圆弧的圆心，向上移动十字光标，在命令行中输入长轴端点的距离尺寸70并按下空格键确定；在命令行中输入短轴端点的距离尺寸45，按下空格键确定，系统将显示一个临时的椭圆图形，如图3-62所示。

步骤03 选择A点为椭圆弧的起点，选择B点为椭圆弧的端点，系统将完成椭圆弧图形的绘制，如图3-63所示。

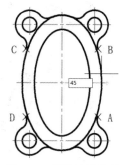

图3-62 预览椭圆轮廓

步骤04 在展开的【椭圆】工具组中单击【椭圆弧】命令按钮 ，使用步骤3中椭圆图形的创建参数绘制出临时椭圆图形，选择C点为椭圆弧的起点，选择D点为椭圆弧的端点，系统将完成椭圆弧的绘制，如图3-64所示。

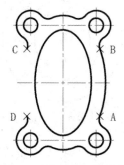

图3-63 绘制右侧椭圆弧

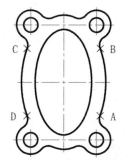

图3-64 绘制左侧椭圆弧

课堂范例——绘制平面挂轮架轮廓

使用【直线】、【圆】、【圆弧】等绘图命令，以及图层管理操作，绘制如图3-65所示的平面挂轮架轮廓。

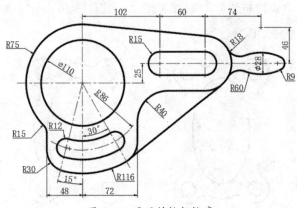

图3-65　平面挂轮架轮廓

步骤01　使用光盘文件"素材与结果文件"文件夹中的GB标准样板文件，新建图形文件。

步骤02　在【图层】工具栏中，选择【中心线】图层。

步骤03　在展开的【绘图】工具组列表中单击【构造线】按钮，分别绘制一条水平构造线和一条垂直构造线。

步骤04　在【图层】工具栏中，选择【轮廓线】图层。

步骤05　在【绘图】工具组中单击【圆心、半径】按钮，捕捉构造线交点为圆心，分别绘制半径为55和75的两个同心圆形，如图3-66所示。

步骤06　在【绘图】工具组中单击【圆心、半径】按钮，捕捉构造线交点为圆心，绘制一个半径为116的圆形；在【修改】工具组中单击【偏移】按钮，将垂直构造线向左偏移48，向右偏移72，如图3-67所示。

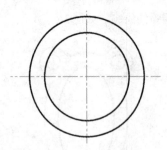

图3-66　绘制同心圆形

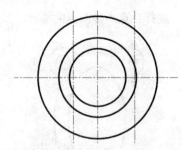

图3-67　绘制圆形与偏移构造线

步骤07　在展开的【圆】工具组中单击【相切、相切、半径】按钮，分别选择最外侧的圆形与两偏移构造线为相切对象，绘制两个半径为30的相切圆形，如图3-68所示。

步骤08　在【修改】工具组中单击【修剪】按钮，将相切圆形与构造线进行修剪操作；将修剪后的两条垂直直线移动至【轮廓线】图层，如图3-69所示。

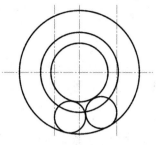

图3-68　绘制相切圆形

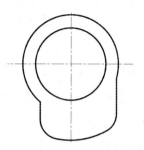

图3-69　修剪图形

步骤09　在【修改】工具组中单击【偏移】按钮🔳，将垂直构造线向右偏移162，将水平构造线向上偏移25。

步骤10　在【绘图】工具组中单击【圆心、半径】按钮⊙，捕捉偏移构造线的交点为圆心，绘制半径为35的圆形；在【绘图】工具组中单击【直线】按钮📏，分别捕捉圆弧和圆形上的切点，绘制两条相切直线，如图3-70所示。

步骤11　在展开的【绘图】工具组列表中单击【构造线】按钮📏，捕捉右侧圆形的象限点，绘制一条水平构造线；在展开的【圆】工具组中单击【相切、相切、半径】按钮⊙，分别选择垂直直线与水平构造线为相切对象，绘制一个半径为40的圆形，如图3-71所示。

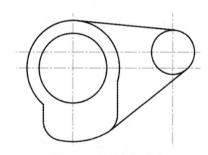

图3-70　绘制相切直线

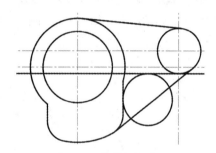

图3-71　绘制相切圆形

步骤12　在【修改】工具组中单击【修剪】按钮🔧，完成圆形与构造线的修剪操作，如图3-72所示。

步骤13　在展开的【圆】工具组中单击【相切、相切、半径】按钮⊙，绘制一个半径为15的相切圆形，如图3-73所示；在【修改】工具组中单击【修剪】按钮🔧，完成相切圆形的修剪操作。

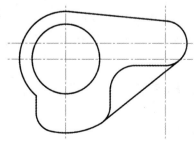

图3-72　修剪图形

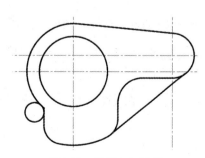

图3-73　绘制相切圆形

> **步骤14** 在【绘图】工具组中单击【圆心、半径】按钮◎，绘制一个半径为60的圆形。

> **步骤15** 在【修改】工具组中单击【复制】按钮◎，将绘制的圆形向正下方移动复制92，如图3-74所示；在【修改】工具组中单击【修剪】按钮╱，修剪两个圆形的外侧部分。

> **步骤16** 在展开的【圆】工具组中单击【相切、相切、半径】按钮◎，绘制一个半径为9的相切圆形，如图3-75所示。

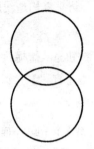

图3-74　移动复制圆形　　　　　　　　图3-75　绘制相切圆形

> **步骤17** 在展开的【圆】工具组中单击【相切、相切、半径】按钮◎，绘制两个半径为18的相切圆形，如图3-76所示；在【修改】工具组中单击【修剪】按钮╱，修剪所有的相切圆形，如图3-77所示。

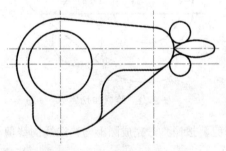

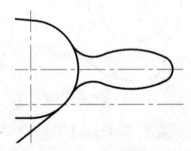

图3-76　绘制相切圆形　　　　　　　　图3-77　修剪图形

> **步骤18** 在【修改】工具组中单击【偏移】按钮◎，将右侧垂直构造线向左偏移60；在【绘图】工具组中单击【圆心、半径】按钮◎，捕捉构造线的交点，绘制半径为15的两个圆形；在【绘图】工具组中单击【直线】按钮╱，分别捕捉两圆形的象限点，绘制两条水平直线，如图3-78所示。

> **步骤19** 在【修改】工具组中单击【修剪】按钮╱，将两圆形的内侧部分进行修剪操作，如图3-79所示。

> **步骤20** 在【图层】工具栏中，选择【中心线】图层。

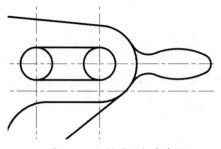

图 3-78　绘制圆形与直线

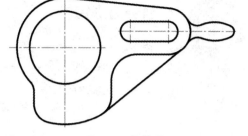

图 3-79　修剪圆

步骤21　在【绘图】工具组中单击【圆心、半径】按钮 ，捕捉左侧圆形的圆心为新圆形的圆心点，绘制一个直径为172的圆形；在【绘图】工具组中单击【直线】按钮 ，分别绘制与垂直中心线夹角为15°和30°的两条直线，如图3-80所示。

步骤22　在【图层】工具栏中，选择【轮廓线】图层。

步骤23　在【绘图】工具组中单击【圆心、半径】按钮 ，分别捕捉圆与直线的两个交点为圆心，绘制半径为12的两个圆形，如图3-81所示。

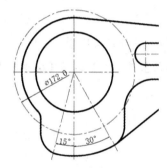

图 3-80　绘制参考圆与直线

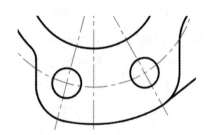

图 3-81　绘制两个圆形

步骤24　在展开的【圆弧】工具组中单击【圆心、起点、端点】命令按钮 ，捕捉两夹角直线的交点为圆心，捕捉两圆形与夹角直线的交点为起点和端点，绘制如图3-82所示的相切圆弧。

步骤25　在【修改】工具组中单击【修剪】按钮 ，将两圆形的内侧部分进行修剪操作，如图3-83所示。

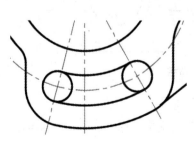

图 3-82　绘制相切圆弧

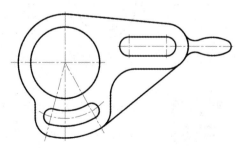

图 3-83　修剪图形

3.4 绘制多边形结构

由3条或3条以上的线段依次首尾相连接所组成的封闭图形称为多边形。在 AutoCAD的机械制图过程中，封闭的规则图形一般可用【矩形】和【多边形】两个命令来绘制，如图3-84所示。

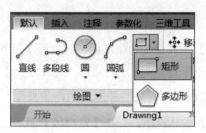

图3-84 【多边形】命令列表

3.4.1 绘制矩形结构

在 AutoCAD中，一般可由两个对角点的空间位置来快速定义出矩形结构。同时，在【矩形】命令的执行过程中还可切换至【倒角】、【圆角】、【宽度】以及【标高】、【厚度】等子项命令来创建特殊位置上的矩形结构。

【矩形】命令的执行方法主要有以下3种。

（1）菜单栏：【绘图】→【矩形】命令。

（2）命令行：RECTANG 或 REC。

（3）【绘图】工具组：在【绘图】工具组中单击【矩形】按钮▭。

打开光盘文件"素材与结果文件\第3章\素材文件\3-11.dwg"，如图3-85左图所示；使用【矩形】命令将左图修改为右图。

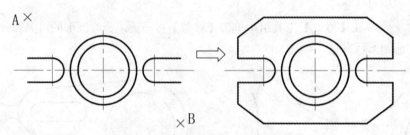

图3-85 绘制矩形结构

步骤01 在【绘图】工具组中单击【矩形】按钮▭。

步骤02 选择A点为矩形的第一个顶点，移动十字光标，选择B点为矩形的第二个顶点，系统将完成矩形的绘制，如图3-86所示。

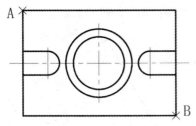

图3-86 绘制普通两点矩形

步骤03 在【修改】工具组中单击【倒角】按钮⬜，将矩形的4条相交边线进行倒角处理；在【修改】工具组中单击【修剪】按钮⬜，修剪矩形两条垂直边线。

在执行【矩形】命令过程中，各子选项含义如下。

- 指定第一个角点：用于定义矩形图形的第一个转角顶点。

- 指定另一个角点：用于定义矩形图形的对角位置上的顶点，从而完成矩形的绘制。

- 倒角（C）：在命令行中输入字母C，按下空格键确定，可在绘制矩形的同时对直角边进行倒角处理。

- 标高（E）：在命令行中输入字母E，按下空格键确定，可在三维建模环境中创建具有偏移距离的矩形结构。

- 圆角（F）：在命令行中输入字母F，按下空格键确定，可在绘制矩形的同时对直角边进行圆角处理。

- 厚度（T）：在命令行中输入字母T，按下空格键确定，可在三维建模环境中创建一定高度的矩形线架结构，如图3-87所示。

- 宽度（W）：在命令行中输入字母W，按下空格键确定，可将矩形边线进行偏移加厚操作，如图3-88所示。

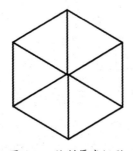

图3-87 绘制厚度矩形

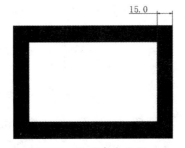

图3-88 绘制宽度矩形

- 面积（A）：在指定矩形的第一个顶点后，可在命令行中输入字母A并按下空格键，再通过指定矩形内部面积的方式创建出矩形图形。

- 尺寸（D）：在指定矩形的第一个顶点后，可在命令行中输入字母D并按下空格键，再通过定义矩形长度值、宽度值的方式创建出矩形图形，如图3-89所示。

- 旋转（R）：在指定矩形的第一个顶点后，可在命令行中输入字母R并按下空格键，再通过定义旋转角度值的方式创建矩形图形，如图3-90所示。

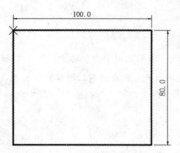

图 3-89 指定长、宽绘制矩形

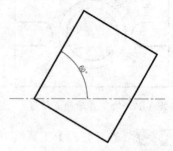

图 3-90 指定旋转角度绘制矩形

3.4.2 绘制正多边形结构

正多边形结构是由数量3～1024的等边线所组成的封闭轮廓图形。在AutoCAD中，正多边形一般是通过定义相接圆的方式和边数来完成绘制操作。

【多边形】命令的执行方法主要有以下3种。

（1）菜单栏：【绘图】→【多边形】命令。

（2）命令行：POLYGON 或 POL。

（3）【绘图】工具组：在【绘图】工具组中单击【多边形】按钮◎。

打开光盘文件"素材与结果文件\第3章\素材文件\3-12.dwg"，如图3-91左图所示；使用【多边形】命令将左图修改为右图。

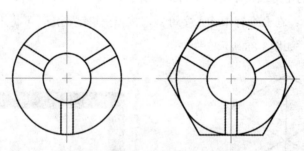

图 3-91 绘制正多边形结构

步骤01 在【绘图】工具组中单击【多边形】按钮◎。

步骤02 在命令行中输入正多边形的边数6，按下空格键完成多边形边数的定义。

步骤03 捕捉水平中心线与垂直中心线的交点为正多边形的中心点。

步骤04 在输入选项列表中选择【外切于圆】命令选项为正多边形的定义方式，如图3-92所示。

步骤05 移动十字光标，在命令行中输入相接圆的半径值18.2，按下空格键完成正多边形的绘制，如图3-93所示。

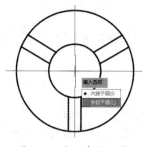

图3-92　定义相接方式

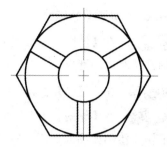

图3-93　完成正多边形绘制

技 能 拓 展

　　在指定正多边形相接圆半径时，可直接选取特征点来快速定义出圆的通过点，从而完成多边形的半径定义。

在执行【多边形】命令过程中，各子选项含义如下。

- 输入侧面数：用于多边形侧面边数量的定义，其一般取3～1024之间的数值。
- 指定正多边形的中心点：可直接选择某个特征点为中心点，也可通过输入坐标来精确定位中心点。
- 边（E）：在命令行中输入字母E，按下空格键确定，可通过指定多边形的边线长度来定义多边形的大小。

课堂范例——绘制平面扳手轮廓

　　使用【圆】、【多边形】、【矩形】、【直线】等绘图编辑命令以及图层管理操作，绘制如图3-94所示的平面扳手轮廓。

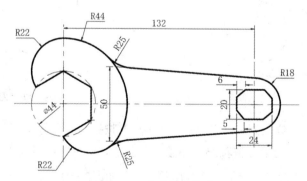

图3-94　平面扳手轮廓

步骤01　使用光盘文件"素材与结果文件"文件夹中的GB标准样板文件，新建图形文件。

步骤02　在【图层】工具栏中，选择【中心线】图层。

步骤03　在展开的【绘图】工具组列表中单击【构造线】按钮，分别绘制一条水平构造线和一条垂直构造线。

步骤04 在【绘图】工具组中单击【圆心、半径】按钮◎，捕捉构造线交点为圆心，绘制直径为44的圆形。

步骤05 在【图层】工具栏中，选择【轮廓线】图层。

步骤06 在【绘图】工具组中单击【多边形】按钮◎，捕捉构造线交点为正多边形的中心点，绘制如图3-95所示的正六边形；在【绘图】工具组中单击【圆心、半径】按钮◎，分别捕捉正六边形的顶点为圆心，绘制半径为22的两个圆形，如图3-96所示。

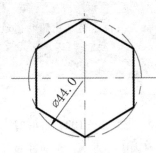

图3-95 绘制正六边形

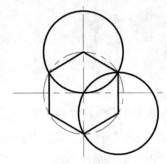

图3-96 绘制两个圆形

步骤07 在展开的【圆】工具组中单击【相切、相切、半径】按钮◎，绘制半径为44的相切圆形，如图3-97所示。

步骤08 在【修改】工具组中单击【修剪】按钮✂，修剪正六边形和3个圆形，如图3-98所示。

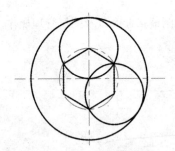

图3-97 绘制相切圆形

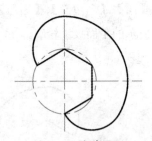

图3-98 修剪图形

步骤09 在【修改】工具组中单击【偏移】按钮◎，将垂直构造线向右偏移132，将水平构造线分别向上下各偏移25；在【绘图】工具组中单击【圆心、半径】按钮◎，捕捉构造线的交点为圆心，绘制半径为18的圆形，如图3-99所示。

步骤10 在【绘图】工具组中单击【直线】按钮✎，捕捉水平偏移构造线与圆弧的交点为直线起点，捕捉右侧圆形上的切点为直线端点，绘制如图3-100所示的两倾斜直线；在展开的【圆】工具组中单击【相切、相切、半径】按钮◎，绘制半径为25的相切圆形，如图3-100所示。

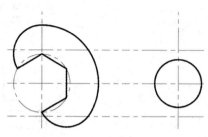

图3-99　绘制参考线与圆形

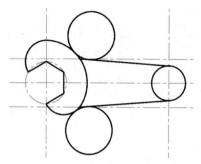

图3-100　绘制相切直线与圆形

步骤11 　在【修改】工具组中单击【偏移】按钮，将右侧垂直构造线分别向左右偏移12，将水平构造线分别向上下偏移10。

步骤12 　在【绘图】工具组中单击【矩形】按钮，在命令行中输入字母C，按下空格键确定；设置第一倒角距离为6，第二倒角距离为5；分别捕捉偏移构造线的两对角交点为矩形的顶点，完成倒角矩形的绘制，如图3-101所示。

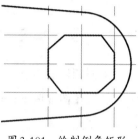

图3-101　绘制倒角矩形

步骤13 　在【修改】工具组中单击【修剪】按钮，修剪所有参考构造线，完成平面扳手轮廓的绘制。

3.5 绘制视图剖切结构

在AutoCAD系统中，使用【图案填充】命令可在封闭的轮廓图形内部进行图案阵列填充操作。其填充的图案通常是由系统所提供的一组块图形，用户既可使用预定义的阵列图形作为填充对象，也可以使用类似于实体的颜色块作为填充对象。

3.5.1 剖面区域表达类型

使用假想的剖切面剖开物体后，剖切面与物体的接触部分一般就称为剖面区域。在使用AutoCAD进行工程制图的过程中，填充的图案主要是用于表达相应的工程材料。根据国家标准《技术制图》中的规定，剖面区域需要画出剖面填充符号，并规定了不同材料所使用的剖面符号，如表3-1所示。

表3-1　工程材料剖面符号

材料名称	符号表达	材料名称	符号表达	材料名称	符号表达
金属材料		填砂、型砂、砂轮、陶瓷刀片、合金刀片		木材纵剖面	

续表

材料名称	符号表达	材料名称	符号表达	材料名称	符号表达
非金属材料		钢筋混凝土		木材横剖面	
叠钢材料		玻璃以及透明材料		液体	
线圈绕组元器件		砖		木质胶合板	
				筛网、过滤网	

3.5.2 图案填充参数设置

对封闭轮廓图形进行图案填充或渐变色填充时，可激活【图案填充创建】功能选项卡或打开【图案填充和渐变色】对话框，再定义出相应的填充图案样式就能创建出剖面区域的填充符号。

【图案填充】命令的执行方法主要有以下3种。

（1）菜单栏：【绘图】→【图案填充】命令。

（2）命令行：BHATCH或H。

（3）【绘图】工具组：在【绘图】工具组中单击【图案填充】按钮 。

在执行【图案填充】命令后，系统将在功能区中添加【图案填充创建】功能选项卡，如图3-102所示。

图3-102 【图案填充创建】功能选项卡

❶边界	用于定义图案填充的封闭轮廓区域，其主要有【拾取点】和【选择边界对象】两种定义方式
❷图案	用于定义当前图案填充的基本样式
❸特性	用于定义填充的基本参数，其主要有颜色、角度、比例等常用参数设置对话框
❹选项	用于定义填充图案的关联性、比例显示以及特性匹配等参数

在激活【图案填充创建】功能选项卡后，用户还可以在命令行中使用【选择对象】、【放弃】以及【设置】子选项命令。当选择【设置】命令项后，系统将弹出【图案填充和渐变色】对话框，如图3-103左图所示。

在【图案填充和渐变色】对话框中，用户也可以设置当前图案填充的样式、颜色、角度、比例等参数。单击对话框右下角的【更多选项】按钮⊙，可展开【孤岛】设置区域，如图3-103右图所示。

图3-103 【图案填充和渐变色】对话框

1．填充类型与图案样式

填充类型：在【图案填充创建】功能选项卡或【图案填充和渐变色】对话框中可设置填充的图案类型，其主要包括了【预定义】、【用户定义】和【自定义】3个基本设置选项。一般系统将默认使用【预定义】选项，用户只能调用系统提供的几种常用填充图案；使用【用户定义】选项后，用户可调用当前线型定义出的图案作为填充图案；使用【自定义】选项后，用户可调用其他图形文件中的图案作为当前图形的填充图案。

图案样式：在【图案填充创建】功能选项卡的【图案】设置区域中，可直接选取系统提供的各种图案样式作为当前图形的填充图案；而在【图案填充和渐变色】对话框中，通过单击█按钮，系统将弹出【填充图案选项板】对话框，其主要包括了【ANSI】、【ISO】、【其他预定义】和【自定义】4个分类选项卡，如图3-104所示。

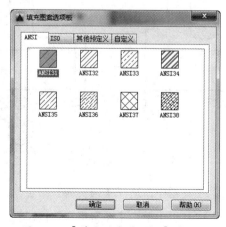

图3-104 【填充图案选项板】对话框

2．角度和比例

- 角度：设置填充图案的倾斜角度，可改变当前图案填充的放置样式，如图 3-105(a)所示。

- 比例：设置填充图案的显示比例值，可改变填充图案的间距，如图3-105(b)所示。

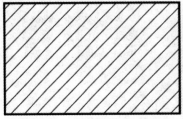
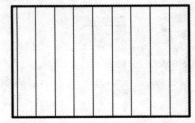

（a）比例为1且倾斜45°的图案填充　　　　（b）比例为2且倾斜90°的图案填充

图3-105　　角度与比例填充图案

3．填充边界

- 【拾取点】按钮▣：通过选取某个点的方式来使系统自动识别该点所在的封闭曲线区域。

- 【选择对象】按钮▣：通过逐步选取连接曲线的方式来完成封闭图形的指定。

- 【删除边界】按钮▣：单击该按钮可以取消系统识别到的填充边界。

- 【重新创建边界】按钮▣ 重新创建：单击该按钮可重新定义当前的填充边界。

3.5.3　创建与编辑视图剖切面

使用 AutoCAD 绘制机械剖视图，需掌握剖面线创建与编辑的基本规律。

1．创建视图剖面线

打开光盘文件"素材与结果文件\第3章\素材文件\3-13.dwg"，如图3-106左图所示；使用【图案填充】命令将左图修改为右图。

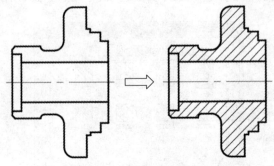

图3-106　　创建视图剖面线

步骤01　在【图层】工具栏中，选择【细实线】图层。

步骤02　在【绘图】工具组中单击【图案填充】按钮▣。

步骤03　定义剖面图案样式。在【图案填充创建】功能选项卡中的【图案】区域中选择【ANSI31】为当前的图案填充样式；在【特性】区域中设置图案倾斜角度为0°，设置显示比例为1，如图3-107所示。

步骤04　定义剖面边界。单击【拾取点】按钮，在图形上方封闭区域中的任意位置单击鼠标左键，确定填充边界，系统将预览出填充结果，如图3-108所示；在图形下方封闭区域中的任意位置单击鼠标左键，确定填充边界，再按下空格键完成视图剖面的创建。

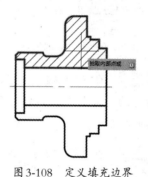

图3-107　设置角度与比例　　　　　图3-108　定义填充边界

温馨提示

在选择填充边界前，应将图形的填充边界线完全显示在可见的绘图区中。

2．编辑视图剖面线

编辑剖面线：在完成视图的剖面线创建后，只需重新在图形上选择已创建的剖面线，即可激活【图案填充编辑器】功能选项卡。用户可在此选项卡中重定义剖面线的基本样式、角度、比例。

编辑剖面线边界：在激活【图案填充编辑器】功能选项卡后，单击 重新创建 按钮可激活剖面线编辑定义功能。该功能允许用户重新修改剖面线的填充区域后自动更新已创建的剖面线，从而改变视图的剖面形状。

课堂范例——绘制模具浇口套剖面结构

使用【直线】、【构造线】、【图案填充】等绘图编辑命令以及图层管理操作，绘制如图3-109所示的模具浇口套剖面结构。

步骤01　使用光盘文件"素材与结果文件"文件夹中的GB标准样板文件，新建图形文件。

步骤02　在【图层】工具栏中，选择【轮廓线】图层。

步骤03　在【绘图】工具组中单击【直线】按钮，绘制如图3-110所示的连续直线。

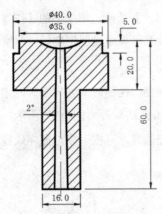

图 3-109 浇口套剖面结构

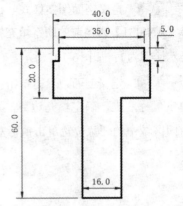

图 3-110 绘制连续直线段

步骤04 在【修改】工具组中单击【偏移】按钮 🖺，将最上方的水平直线向上偏移13；在【绘图】工具组中单击【圆心、半径】按钮 ⊙，捕捉偏移直线的中点为圆心，绘制一个半径为16的圆形，如图3-111所示。

步骤05 在【修改】工具组中单击【修剪】按钮 ⊷，将圆形进行修剪删除操作，如图3-112所示。

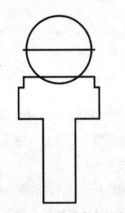

图 3-111 绘制偏移直线与圆形

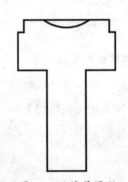

图 3-112 修剪图形

步骤06 在【图层】工具栏中，选择【中心线】图层。

步骤07 在展开的【绘图】工具组列表中单击【构造线】按钮 ✓，分别捕捉浇口套两水平直线的中点为构造线的通过点，绘制一条垂直构造线；在【修改】工具组中单击【偏移】按钮 🖺，将垂直构造线向右偏移1.8；在【修改】工具组中单击【旋转】按钮 ○，将偏移的构造线旋转1°。

步骤08 在【图层】工具栏中，选择【轮廓线】图层。

步骤09 在【绘图】工具组中单击【直线】按钮 ╱，捕捉倾斜构造线与圆弧、水平直线的两个交点，绘制如图3-113所示的直线。

步骤10 在【修改】工具组中单击【镜像】按钮 ⚏，将绘制的倾斜直线以垂直构造线为参考对象进行镜像复制。

步骤11   在【图层】工具栏中，选择【细实线】图层。

步骤12   在【绘图】工具组中单击【图案填充】按钮，在【图案填充创建】功能选项卡中的【图案】区域中选择【ANSI31】为当前的图案填充样式，在【特性】区域中设置图案倾斜角度为0°，设置显示比例为0.8。

步骤13   单击【拾取点】按钮，在左右两封闭区域中的任意位置单击鼠标左键，确定填充边界，再按下空格键完成视图剖面的创建，如图3-114所示。

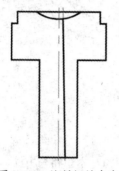

图3-113   绘制倾斜直线

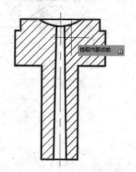

图3-114   创建剖面线

课堂问答

本章通过对AutoCAD基础绘图命令的讲解，演示了机械制图的基本方法与技巧。下面将列出一些常见的问题供读者学习参考。

问题❶: 怎样绘制定长直线?

答：在完成直线起点定义后，移动十字光标指定直线的延伸方向，再在命令行中输入数字以定义直线第二个端点与起点的距离，从而完成定长直线的绘制。

问题❷: 怎样绘制水平、垂直构造线?

答：在执行【构造线】命令后，在命令行中输入字母V或H，可将构造线调整为垂直放置或水平放置，用户只需指定一个通过点即可完成构造线的绘制。

问题❸: 创建剖面线需要注意哪些要点?

答：在机械制图过程中，创建剖视图的剖面线通常需要注意剖面线的样式、倾斜角度、显示比例值以及剖切区域的指定。其中，在指定剖切区域时应当将该区域的边界曲线完整地显示在绘图区的空间区域中。

上机实战——绘制鳍轮盘视图

为巩固本章所讲解的内容，下面将以鳍轮盘零件为例，综合演示本章所阐述的机械制图方法。

鳍轮盘零件的效果展示如图3-115所示。

效果展示

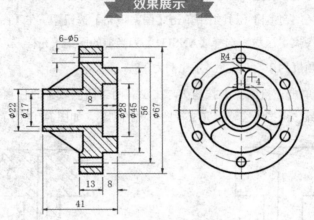

图 3-115　鳍轮盘零件的效果展示

思路分析

在绘制鳍轮盘的过程中，将体现AutoCAD机械制图的基本思路与方法，重点使用了AutoCAD制图顺序法以及AutoCAD特征投影的基本操作技巧。其主要有以下几个基本步骤。

- 使用GB样板新建图形文件。
- 绘制主视图的基本结构。
- 绘制主视图上加强筋结构。
- 绘制全剖右视图的基本结构。
- 绘制全剖右视图上加强筋结构。
- 在主视图和剖视图上绘制通孔特征。
- 在全剖右视图上创建剖面线。

制作步骤

步骤01　使用GB标准样板文件，新建图形文件。

步骤02　在【图层】工具栏中，选择【中心线】图层。

步骤03　在展开的【绘图】工具组列表中单击【构造线】按钮，分别绘制一条水平构造线和一条垂直构造线。

步骤04　在【图层】工具栏中，选择【轮廓线】图层。

步骤05　在【绘图】工具组中单击【圆心、半径】按钮，捕捉构造线的交点为圆心，分别绘制直径为17、22、45、67的圆形，如图3-116所示。

步骤06　在【修改】工具组中单击【偏移】按钮，将垂直构造线向左右各偏移2；在【绘图】工具组中单击【直线】按钮，捕捉偏移构造线与圆的交点，分别绘制两条垂直直线，如图3-117所示。

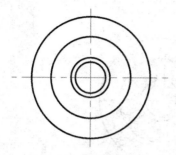

图 3-116 绘制同心圆形

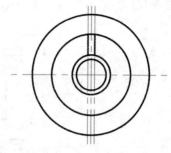

图 3-117 绘制垂直直线

步骤07 在【修改】工具组中单击【圆角】按钮，设置圆角半径为4，使用【不修剪】方式创建出两垂直直线与圆形的过渡圆角特征。

步骤08 在【修改】工具组中单击【环形阵列】按钮，选择两垂直直线与圆角曲线为阵列对象，创建如图3-118所示的非关联环形阵列图形。

步骤09 在【修改】工具组中单击【修剪】按钮，修剪阵列的直线段，如图3-119所示。

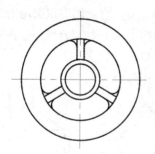

图 3-118 环形阵列图形

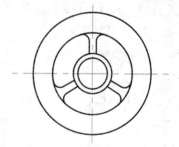

图 3-119 修剪图形

步骤10 在展开的【绘图】工具组列表中单击【构造线】按钮，在主视图的左侧任意位置上绘制一条垂直构造线；在【修改】工具组中单击【偏移】按钮，将垂直构造线分别向左偏移8、21、41，如图3-120所示。

步骤11 在展开的【绘图】工具组列表中单击【构造线】按钮，分别捕捉主视图上圆形的象限点，绘制如图3-120所示的水平构造线。

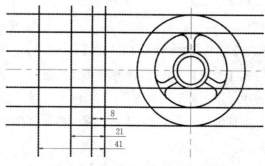

图 3-120 绘制偏移与水平构造线

步骤12 在【修改】工具组中单击【修剪】按钮，修剪偏移构造线与水平构造线，如图3-121所示。

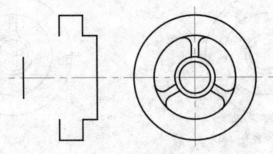

图 3-121 修剪图形

步骤13 在【绘图】工具组中单击【直线】按钮，绘制如图3-122所示的3条直线段。

步骤14 在【修改】工具组中单击【圆角】按钮，设置圆角半径为2，使用【修剪】方式创建两相交直线的过渡圆角特征；在【修改】工具组中单击【镜像】按钮，将创建的圆角曲线与直线段以水平构造线为参考对象进行镜像复制，如图3-123所示。

步骤15 在【修改】工具组中单击【偏移】按钮，将全剖右视图左侧的垂直直线向右偏移3；在【绘图】工具组中单击【直线】按钮，分别捕捉直线的端点，绘制如图3-124所示的两条倾斜直线。

图 3-122 绘制直线段

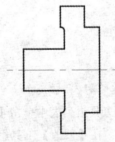

图 3-123 镜像图形

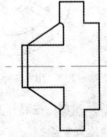

图 3-124 绘制偏移与倾斜直线

步骤16 在【图层】工具栏中，选择【虚线】图层。

步骤17 在【绘图】工具组中单击【圆心、半径】按钮，捕捉主视图上构造线的交点为圆心，分别绘制直径为28的圆形，如图3-125所示。

步骤18 在【图层】工具栏中，选择【轮廓线】图层。

步骤19 在展开的【绘图】工具组列表中单击【构造线】按钮，分别捕捉主视图上圆形的象限点，绘制4条水平构造线；在【修改】工具组中单击【偏移】按钮，将全剖右视图右侧的垂直直线向

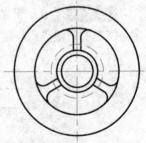

图 3-125 绘制透视圆形

左偏移8，如图3-126所示。

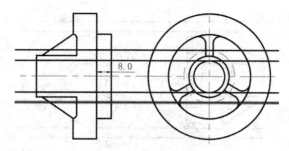

图 3-126 绘制偏移与水平构造线

步骤20 在【修改】工具组中单击【修剪】按钮，修剪全剖右视图上的水平构造线与偏移直线，如图 3-127 所示。

步骤21 在【图层】工具栏中，选择【中心线】图层。

步骤22 在【绘图】工具组中单击【圆心、半径】按钮，捕捉主视图上构造线的交点为圆心，绘制直径为56的圆形。

步骤23 在【图层】工具栏中，选择【轮廓线】图层。

步骤24 在【绘图】工具组中单击【圆心、半径】按钮，捕捉主视图上垂直构造线与参考圆形的交点为圆心，绘制直径为5的圆形；在【修改】工具组中单击【环形阵列】按钮，选择绘制的圆形为阵列对象，创建如图 3-128 所示的非关联环形阵列圆形。

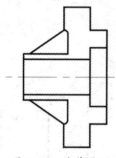

图 3-127 修剪图形

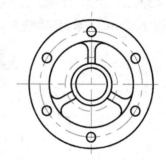

图 3-128 环形阵列圆形

步骤25 在展开的【绘图】工具组列表中单击【构造线】按钮，分别捕捉主视图上两圆形的上下象限点，绘制如图 3-129 所示的水平构造线。

步骤26 在【修改】工具组中单击【修剪】按钮，在全剖右视图上修剪4条水平构造线。

步骤27 在【图层】工具栏中，选择【细实线】图层。

步骤28 在【绘图】工具组中单击【图案填充】按钮。

步骤29 在【图案填充创建】功能选项卡中的【图案】区域中选择【ANSI31】为当前的图案填充样式，在【特性】区域中设置图案倾斜角度为90°，设置显示比例为0.8，单击【拾取点】按钮，在4个封闭区域中的任意位置单击鼠标左键，确定填充边界，再按下空格键完成视图剖面的创建，如图 3-130 所示。

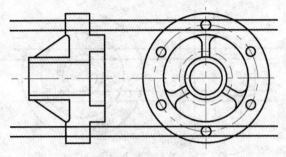

图 3-129 绘制水平构造线

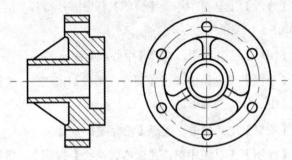

图 3-130 创建视图剖面线

🌐 同步训练——绘制轴瓦视图

绘制轴瓦视图的图解流程如图 3-131 所示。

图解流程

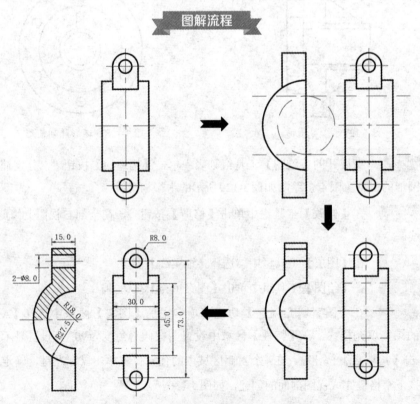

图 3-131 绘制轴瓦视图的图解流程

在本例中将采用AutoCAD的基本作图顺序方法来逐步投影关键特征,最终完成主视图与半剖视图的绘制。再综合运用【构造线】、【直线】、【圆心、半径】圆命令来完成轴瓦零件视图基本结构的绘制。

关键步骤

步骤01 执行【直线】、【圆心、半径】圆命令,绘制如图3-132所示的轴瓦主视图。

步骤02 执行【构造线】命令,完成右视图基本轮廓的绘制,如图3-133所示。

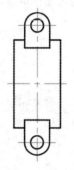

图3-132 绘制主视图

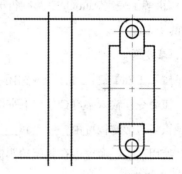

图3-133 投影右视图轮廓

步骤03 执行【构造线】、【圆心、半径】圆命令绘制出右视图的圆弧结构,如图3-134所示。

步骤04 执行【构造线】、【圆心、半径】圆命令绘制出右视图的凹槽结构,如图3-135所示。

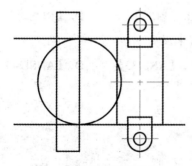

图3-134 绘制圆弧结构

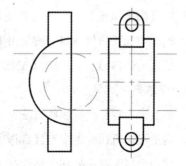

图3-135 绘制凹槽特征

步骤05 执行【构造线】命令绘制出圆孔的投影轮廓,如图3-136所示。

步骤06 执行【图案填充】命令创建出半剖视图的剖面线,如图3-137所示。

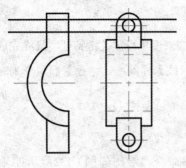

图 3-136　投影圆孔轮廓

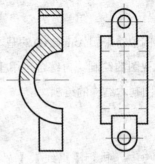

图 3-137　创建剖面线

📎 知识与能力测试

本章讲解了使用AutoCAD绘制机械二维结构的方法，为对知识进行巩固和考核，布置相应的练习题。

一、填空题

1．按下【F8】键，可打开或关闭_____模式。

2．在命令行输入字母C并按下空格键确定，可执行_____命令操作。

3．正多边形结构可由_____和_____两个命令来完成绘制。

4．使用_____命令可在封闭轮廓曲线中创建机械剖面线。

二、选择题

1．下列哪个命令可绘制没有起始端点的直线图形？（　　　）

　　A.【直线】　　　　　B.【样条曲线】　　　C.【构造线】　　　　D.【射线】

2．下面哪个命令常用于视图投影与对齐操作？（　　　）

　　A.【圆心、半径】　　B.【椭圆】　　　　　C.【样条曲线】　　　D.【构造线】

3．下面哪个命令用于剖视图的创建？（　　　）

　　A.【图案填充】　　　B.【直线】　　　　　C.【射线】　　　　　D.【构造线】

4．机械剖视图的剖面线一般采用下面哪种图案样式？（　　　）

　　A.【ANSI31】　　　B.【ANSI32】　　　　C.【ANSI33】　　　　D.【ANSI34】

三、简答题

1．创建参考特征点有哪些方法？

2．构造线在机械制图中有什么作用？

3．使用内接于圆和外切于圆绘制正多边形有何区别？

AutoCAD
2016

第4章
编辑二维机械结构

使用AutoCAD进行机械制图不仅需要使用基础的二维绘图工具，还需要必要的二维图形编辑工具，如移动、旋转、复制、偏移、圆角、倒角等。如此，才能快速高效地完成一幅机械图样的制作。

通过对本章的学习，可掌握AutoCAD的常用图形编辑工具，帮助用户快速熟悉二维图形的编辑操作。

学习目标

- 掌握图形的基本控制方法
- 掌握对象选取、删除及打断合并操作
- 掌握图形的修剪、移动、旋转操作
- 掌握图形复制、镜像、偏移及阵列操作
- 了解图形特性匹配的基本方法

4.1 图形的基本操作

使用AutoCAD绘制机械图样的过程中，一般需要对图形进行缩放、平移、夹点编辑、删除以及打断合并等常规的编辑操作。

4.1.1 图形的基本控制

使用AutoCAD绘制机械结构时，常因显示器屏幕的局限不能完整显示出图形的结构。因此，使用缩放和移动视图的操作能快速地完成图形对象的显示调整。

1. 缩放视图

在AutoCAD中，缩放视图是将当前图形区域中的对象进行显示比例的调整，它不能改变图形本身的绘制尺寸。通过缩放视图的操作，用户能快速方便地观察到图形的细节结构。

缩放视图的操作主要有以下4种方式。

（1）鼠标滚轮键缩放。通过滚动鼠标的滚轮键（中键）可快速缩放当前视图。

（2）使用快捷键。在命令行输入字母ZOOM或Z并按下空格键，再输入相应的字母代号可执行各种视图缩放操作。

（3）使用菜单栏。执行下拉菜单栏【视图】→【缩放】命令，再选择相应的缩放命令选项。

（4）使用工具按钮。在绘图区右侧的【导航栏】中单击【范围缩放】按钮，可快速执行视图缩放命令，如图4-1所示。

2. 平移视图

在AutoCAD中，平移视图是将当前的绘图区域进行整体移动，其操作不能移动图形之间的相对位置。使用平移视图的操作，可快速地移动绘图显示屏幕调整显示对象。

平移视图的操作主要有以下4种方式。

（1）按住鼠标中键（滚轮键）不放，移动鼠标快速移动绘图区域平面。

（2）使用快捷键。在命令行输入字母Pan或P并按下空格键，再按下鼠标左键不放，移动鼠标就可移动当前的绘图平面。

（3）在绘图区右侧的【导航栏】中单击【平移】按钮，可快速执行视图移动命令。

（4）使用菜单栏。执行下拉菜单栏【视图】→【平移】→【实时】命令，再按住鼠标左键不放移动鼠标就可移动当前的绘图平面，如图4-2所示。

图4-1 导航栏中的【缩放】命令

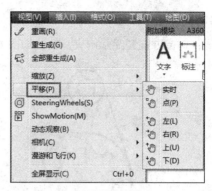

图4-2 下拉菜单【实时】缩放命令

4.1.2 对象选取方式

对已创建的AutoCAD二维图形结构进行编辑修改时，首先需要准确地选取某个指定的几何结构，再使用相应的图形编辑工具对其进行编辑操作。

针对复杂的二维结构图形，AutoCAD为用户提供了多种选取方式，用户可根据使用需要，任意选择适合的方式来选取图形对象。图形选取的常用方式主要有以下4种。

1．点选

点选是使用十字光标逐个选取已知的图形对象。这是一种简单精确的图形选取方式，也是系统默认的选择方式，用户每次只能选择一个图形对象，重复操作可依次选择多个指定对象。被选择的对象将高亮显示出夹点框，以区别其他未选择的对象。

2．全选

按下【Ctrl+A】组合键可将绘图区里已创建的所有图形对象都全部选中为操作对象。另外，在使用AutoCAD编辑工具的过程中出现"选择对象"提示信息时，在命令行中输入字母ALL并按下空格键确定，也将全部选取当前绘图区中所有的已知图形。

3．窗口选取

窗口选取是通过绘制一个对角矩形框的方式来完成图形对象的选择操作。指定一个对角顶点后，向右下角移动十字光标，绘图区中将预览出一个矩形框，如图4-3左图所示；指定另一个角点完成矩形的定义，系统将选取矩形框内的图形为操作对象并高亮显示出夹点框，如图4-3右图所示。

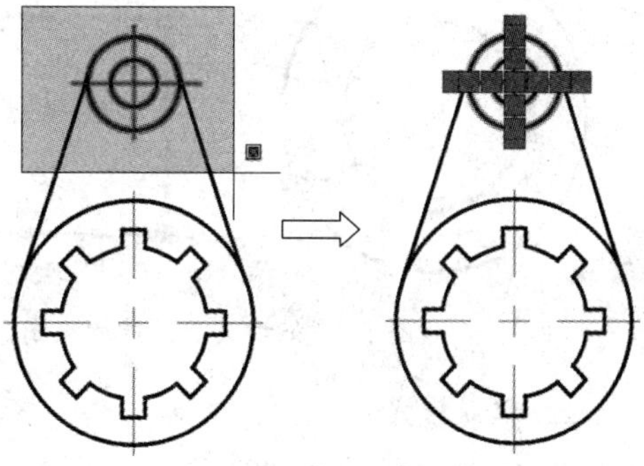

图4-3 窗口选取对象

4．窗交选取

指定一个对角顶点后，向左上方移动十字光标，绘图区中将预览出一个矩形框，如

图4-4左图所示；指定另一个角点完成矩形的定义，系统将选取与矩形框相交的所有图形为操作对象并高亮显示出夹点框，如图4-4右图所示。

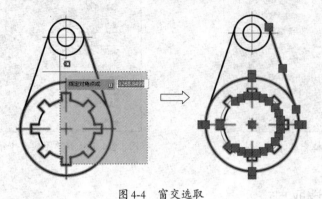

图4-4　窗交选取

4.1.3　拖动夹点编辑图形

在完成图形对象的选取后，系统将高亮显示出夹点框，通过拖动这些标记图形的夹点框既可拉伸缩放图形，又可移动、旋转图形的空间位置。

1．拉伸缩放模式

当拖动图形对象上的夹点框时，系统将使用拉伸缩放模式来调整图形的大小尺寸。关于拖动夹点框调整图形对象大小的常见情况，如图4-5所示。

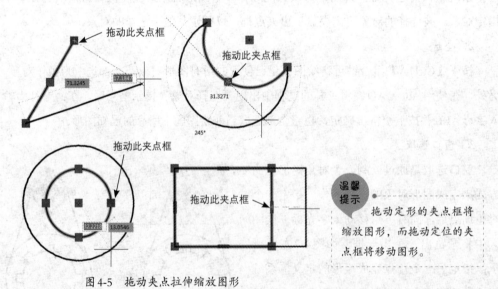

图4-5　拖动夹点拉伸缩放图形

> 温馨
> 提示　拖动定形的夹点框将缩放图形，而拖动定位的夹点框将移动图形。

2．移动模式

当拖动直线中点位置上的夹点框、圆弧圆心位置上的夹点框时，可调整图形对象在绘图区中的相对位置。

4.1.4 删除对象

在 AutoCAD 中，不仅可用系统的【删除】命令来删除这些图形对象，也可以使用【Delete】键来删除已选取的图形对象，从而使其不再显示在绘图区域。

【删除】命令的执行方法主要有以下3种。

（1）菜单栏:【修改】→【删除】命令。

（2）命令行：ERASE 或 E。

（3）【修改】工具组：在【修改】工具组中单击【删除】按钮。

打开光盘文件"素材与结果文件\第4章\素材文件\4-1.dwg"，如图4-6左图所示；使用【删除】命令将左图修改为右图。

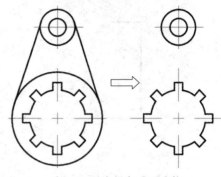

图4-6　删除指定图形结构

步骤01　使用【点选】方式依次选择两倾斜直线和相切圆形，如图4-7所示。

步骤02　在【修改】工具组中单击【删除】按钮，系统将删除已选取的图形对象，如图4-8所示。

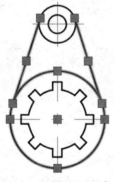

图4-7　点选图形对象

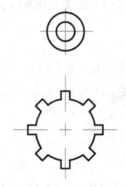

图4-8　完成对象删除

技 能 拓 展

在删除图形对象的操作过程中，如先执行【删除】命令，再选取删除对象，一般需要按下空格键确认删除对象才能执行删除操作。

4.1.5 打断与合并对象

打断图形对象是将某个指定的图形分解为两个独立的部分，而合并对象是将多个相关联的图形进行合并，使之成为一个独立的图形对象。

1. 打断对象

在AutoCAD中，打断操作主要有两点打断与一点打断两种方式。其主要区别是：两点打断需要在图形对象上指定两个特征点，从而打断图形并删除两点之间的图形部分；一点打断则只需在图形对象上指定一个特征点，从而完成分割图形对象的目的，如图4-9所示。

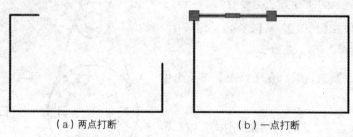

　　　　　　（a）两点打断　　　　　　　　　　（b）一点打断

图4-9　一点与两点打断

【打断】命令的执行方法主要有以下3种。

（1）菜单栏：【修改】→【打断】命令。

（2）命令行：BREAK 或 BR。

（3）在【默认】选项卡中的【修改】工具组中单击 修改▼ 按钮，在展开的下拉列表中单击【打断】按钮或【打断于点】按钮。

> **技能拓展**
>
> 在执行【打断】命令并选取打断对象后，可在命令行中输入字母F，按下空格键确定，切换至一点打断模式。

2. 合并对象

在使用AutoCAD进行三维模型创建时，常需要将二维截面曲线进行合并操作使之成为独立的图形对象，其合并的对象可以是圆弧、椭圆弧、直线等开放型图形。选取相互连接的结构图形，再执行【合并】命令就可完成图形对象的合并操作。

【合并】命令的执行方法主要有以下3种。

（1）菜单栏：【修改】→【合并】命令。

（2）命令行：JOIN 或 J。

（3）在【默认】选项卡中的【修改】工具组中单击 修改▼ 按钮，在展开的下拉列表中单击【合并】按钮。

> **技能拓展**
>
> 合并操作的图形对象不能是封闭的轮廓图形，如圆形、椭圆形、正多边形、矩形等。

图形的一般编辑

图形的一般编辑主要包括了【修剪】、【延伸】、【拉伸】、【旋转】、【移动】等命令，
使用这些命令可对当前绘图区域中已创建的二维图形进行定位、定形的修改与编辑。

4.2.1 修剪图形

在 AutoCAD 中，修剪图形既可通过指定修剪边界来完成对象修剪删除操作，也可对
相交曲线的某一段直接进行快速删除修剪操作。

【修剪】命令的执行方法主要有以下3种。

（1）菜单栏:【修改】→【修剪】命令。

（2）命令行：TRIM 或 TR。

（3）【修改】工具组：在【修改】工具组中单击【修剪】按钮。

打开光盘文件"素材与结果文件\第4章\素材文件\4-2.dwg"，如图4-10左图所示；
使用【修剪】命令将左图修改为右图。

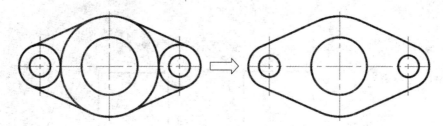

图4-10　修剪图形结构

步骤01　在【修改】工具组中单击【修剪】按钮，按下空格键确定，切换至快
速修剪模式。

步骤02　定义修剪对象。依次选取3个圆形内侧圆弧部分为修剪对象，如图4-11
所示。

步骤03　按【Esc】键，完成图形的修剪并退出。

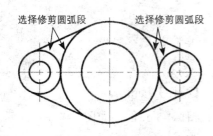

图4-11　定义修剪对象

温馨提示　执行【修剪】命令后，系统将默认使用边界修剪模式。未选择任何边界线而按下空格键确定，可切换至快速修剪模式。

在执行【修剪】命令过程中，常用子选项含义如下。

- 选择剪切边：用于定义修剪对象的其他参考边界。关于使用剪切参考边界进行的修剪操作，如图4-12所示。

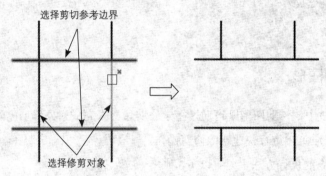

图4-12 使用剪切参考边界修剪图形

- 选择要修剪的对象：用于指定需要修剪的图形对象，选取某个对象可将该对象进行修剪操作。在完成剪切边界的定义后，按下空格键可切换到该选项。

- 栏选（F）：在命令行中输入字母F，按下空格键确定，可通过绘制直线段的方式来定义修剪对象，如图4-13所示。

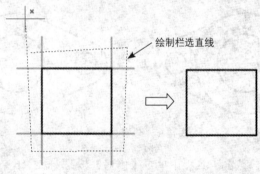

图4-13 栏选修剪图形

4.2.2 拉伸图形

拉伸二维图形是将选定的平面结构按指定的一个方向进行尺寸缩放操作。

【拉伸】命令的执行方法主要有以下3种。

（1）菜单栏：【修改】→【拉伸】命令。

（2）命令行：STRETCH或S。

（3）【修改】工具组：在【修改】工具组中单击【拉伸】按钮。

打开光盘文件"素材与结果文件\第4章\素材文件\4-3.dwg"，如图4-14左图所示；使用【拉伸】命令将左图修改为右图。

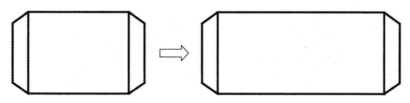

图4-14　拉伸二维图形结构

步骤01　在【修改】工具组中单击【拉伸】按钮。

步骤02　使用窗交选取方式选取需要拉伸的图形对象，如图4-15所示。

步骤03　选取拉伸对象上的一个特征点作为拉伸操作的基点，如图4-16所示。

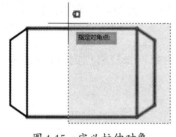

图4-15　定义拉伸对象

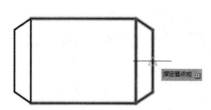

图4-16　定义拉伸基点

步骤04　向右移动十字光标，系统将预览出拉伸结果，如图4-17所示；在命令行中输入拉伸距离值25，按下空格键完成二维结构的拉伸操作。

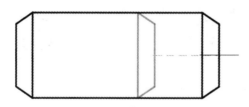

图4-17　预览拉伸结果

4.2.3　延伸图形

延伸二维图形是将指定的二维图形的某个端点沿该图形的曲率进行扫掠操作，直至另一指定的参考图形上。

【延伸】命令的执行方法主要有以下3种。

（1）菜单栏：【修改】→【延伸】命令。

（2）命令行：EXTEND 或 EX。

（3）【编辑】工具组：在【修改】工具组中单击【延伸】按钮。

打开光盘文件"素材与结果文件\第4章\素材文件\4-4.dwg"，如图4-18左图所示；使用【延伸】命令将左图修改为右图。

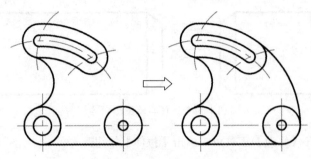

图 4-18   延伸二维结构

步骤 01   在【修改】工具组中单击【延伸】按钮。

步骤 02   选择右下角的圆形为延伸的参考对象，如图 4-19 所示；按下空格键确定，完成延伸参考边界的定义。

步骤 03   选择图形结构上的二维圆弧为延伸对象，系统将预览出延伸结果，如图 4-20 所示。

步骤 04   按下【Esc】键，完成图形的延伸并退出命令。

图 4-19   定义延伸参考边界

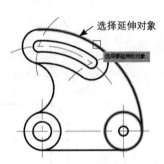

图 4-20   预览延伸结果

技 能 拓 展

在选取延伸对象时，系统将自动识别十字光标所在一侧的端点作为延伸的起点。

4.2.4   缩放图形

在使用 AutoCAD 绘制机械图样的过程中，针对相对位置不变，尺寸需要放大或缩小的二维结构图形，可使用【缩放】命令来完成图形结构实时的放大与缩小操作。

【缩放】命令的执行方法主要有以下 3 种。

（1）菜单栏：【修改】→【缩放】命令。

（2）命令行：SCALE 或 SC。

（3）【编辑】工具组：在【修改】工具组中单击【缩放】按钮。

打开光盘文件"素材与结果文件\第4章\素材文件\4-5.dwg",如图4-21左图所示；使用【缩放】命令将左图修改为右图。

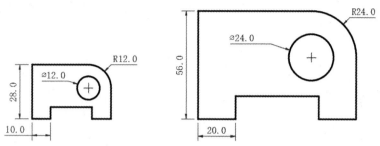

图4-21 等比例放大图形结构

步骤01 在【修改】工具组中单击【缩放】按钮▣。

步骤02 使用窗交方式选取所有的直线、圆弧、圆形为缩放操作对象；按下空格键确定，完成缩放对象的选取。

步骤03 选取二维图形上的特征点为缩放的参考基点。

步骤04 在命令行中输入缩放的比例因子值2，按下空格键完成图形结构的缩放操作。

技能拓展

当输入的比例因子小于1时，图形结构将被缩小；当输入的比例因子大于1时，图形结构将被放大。

在执行【缩放】命令的过程中，常用子选项含义如下。

- 选择对象：用于指定缩放操作的二维图形结构。
- 指定基点：用于指定缩放操作的参考基准点。
- 指定比例因子：用于指定缩放操作的放大、缩小比例。
- 复制（C）：在命令行中输入字母C，按下空格键确定，系统将复制当前选取的二维图形结构后，再执行缩放操作。
- 参照（R）：在命令行中输入字母R，按下空格键确定，系统将利用已知图形的空间位置来定义当前图形对象的缩放界限。

4.2.5 移动图形

移动二维图形结构是将选取的图形对象在指定方向上按固定距离进行空间位移操作。

【移动】命令的执行方法主要有以下3种。

（1）菜单栏：【编辑】→【移动】命令。

（2）命令行：MOVE 或 M。

（3）【编辑】工具组：在【修改】工具组中单击【移动】按钮⬚。

打开光盘文件"素材与结果文件\第4章\素材文件\4-6.dwg"，如图4-22左图所示；使用【移动】命令将左图修改为右图。

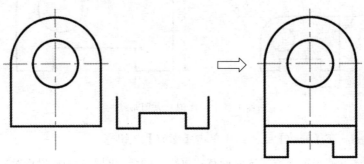

图4-22　移动二维图形结构

步骤01　在【修改】工具组中单击【移动】按钮⬚。

步骤02　选取右侧所有的直线段并按下空格键确定，完成移动对象的定义。

步骤03　选取直线的一个端点为移动基点，移动十字光标，选取左侧水平直线的端点为移动的放置点，如图4-23所示。

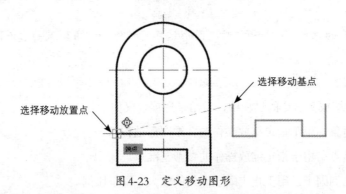

选择移动放置点

选择移动基点

图4-23　定义移动图形

技能拓展

　　在完成移动基点的指定后，可移动十字光标指定移动方向，再在命令行中输入数字可指定图形结构的移动距离值。

4.2.6　旋转图形

　　旋转二维图形结构是将选取的图形按照指定的参考基点进行角度旋转操作，从而改变原有图形结构的空间相对位置。

【旋转】命令的执行方法主要有以下3种。

（1）菜单栏:【修改】→【旋转】命令。

（2）命令行：ROTATE或RO。

（3）【编辑】工具组：在【修改】工具组中单击【旋转】按钮◎。

打开光盘文件"素材与结果文件\第4章\素材文件\4-7.dwg"，如图4-24左图所示；使用【旋转】命令将左图修改为右图。

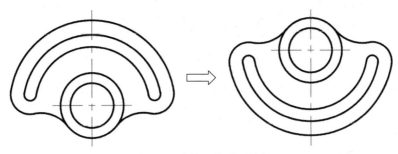

图4-24 旋转二维图形结构

步骤01 在【修改】工具组中单击【旋转】按钮◎。

步骤02 选取图形结构上的所有圆弧曲线，如图4-25所示；按下空格键确定，完成旋转对象的定义。

步骤03 选取圆形结构的圆心为旋转操作的参考基点，如图4-25所示。

步骤04 在命令行中输入旋转角度值180，按下空格键完成二维结构的旋转操作，如图4-26所示。

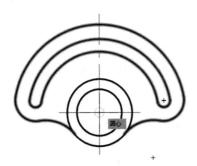

图4-25 定义旋转对象与基点

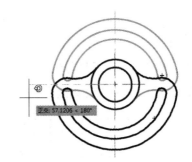

图4-26 预览旋转结果

在执行【旋转】命令过程中，常用子选项含义如下。

● 选择对象：用于选取需要旋转的二维结构对象。

● 指定基点：用于选取旋转操作的参考基点，从而确定结构对象的旋转位置。

● 指定旋转角度：用于指定旋转操作的参考角度值，可通过输入正、负值的方式来调整旋转方向。

● 复制（C）：在命令行中输入字母C，按下空格键确定，可将旋转的结构对象先复制一个副本，然后再将其进行空间旋转，如图4-27所示。

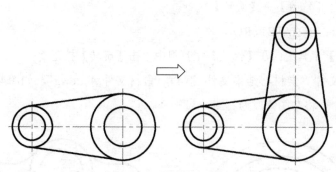

图4-27　复制旋转结构

- 参照（R）：在命令行中输入字母R，按下空格键确定，可假想以水平直线为基准，以顺时针方向按照指定的交点旋转二维结构。

4.2.7　圆角图形

圆角特征是工程设计中最常见的特征之一，圆角特征不仅能减少产品在直角处的应力作用，更能使产品显得美观。

而在AutoCAD中，对二维图形结构的圆角操作是通过指定一个固定半径值的圆弧来相切连接两个图形对象。

【圆角】命令的执行方法主要有以下3种。

（1）菜单栏：【修改】→【圆角】命令。

（2）命令行：FILLET或F。

（3）【编辑】工具组：在【修改】工具组中单击【圆角】按钮▢。

打开光盘文件"素材与结果文件\第4章\素材文件\4-8.dwg"，如图4-28左图所示；使用【圆角】命令将左图修改为右图。

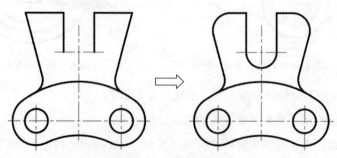

图4-28　二维结构的圆角

步骤01　在【修改】工具组中单击【圆角】按钮▢。

步骤02　在命令行中输入字母F，按下空格键确定，再在命令行中输入半径值18，按下空格键完成圆角半径值的设定。

步骤03   依次选取两相交直线为圆角对象，系统将预览出圆角结果，如图4-29所示。

步骤04   再次单击【圆角】按钮，使用相同的圆角参数，完成图形结构左侧两相交直线的圆角操作，如图4-30所示。

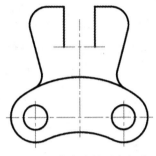

图4-29   预览圆角结果   图4-30   完成结构圆角操作

步骤05   再次单击【圆角】按钮，修改圆角半径值为16，选取图形结构中心处两条平行的垂直直线为圆角对象，如图4-31所示。

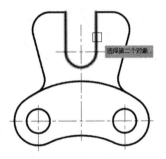

温馨提示

执行【圆角】命令后，系统将默认使用上一次的圆角参数来完成当前的圆角操作。在创建圆角曲线时，应注意修剪模式和圆角半径值。

图4-31   预览圆角结果

在执行【圆角】命令过程中，常用子选项含义如下。

- 当前设置：用于显示当前【圆角】命令默认使用的圆角修剪模式和圆角半径值。

- 半径（R）：在命令行中输入字母R，按下空格键确定，可设置圆角半径值。

- 修剪（T）：在命令行中输入字母T，按下空格键确定，可设置圆角的修剪模式。其主要包括了修剪（T）和不修剪（N）两种模式。当使用不修剪（N）模式时，系统将不修剪圆角对象，而直接创建出相切两图形的过渡圆弧曲线，如图4-32所示。

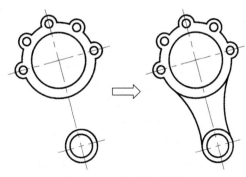

- 多个（M）：在命令行中输入字母M，按下空格键确定，可连续执行【圆角】命令。

图4-32   不修剪模式圆角

4.2.8 倒角图形

倒角特征是机械制造中的重要特征之一，它是在几何体的尖锐转角处截取一段平直的材料所形成的过渡平面。而在AutoCAD的二维结构设计中，倒角操作是用一条倾斜直线连接两条相交图形的一种对象修剪。

【倒角】命令的执行方法主要有以下3种。

（1）菜单栏：【修改】→【倒角】命令。

（2）命令行：CHAMFER或CHA。

（3）【编辑】工具组：在【修改】工具组中单击【倒角】按钮◿。

打开光盘文件"素材与结果文件\第4章\素材文件\4-9.dwg"，如图4-33左图所示；使用【倒角】命令将左图修改为右图。

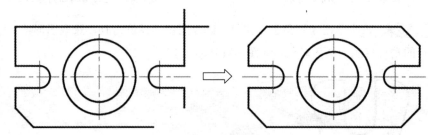

图4-33　二维结构的倒角

步骤01　在【修改】工具组中单击【倒角】按钮◿。

步骤02　在命令行中输入字母D，按下空格键确定，切换为【距离】倒角模式；在命令行中输入第一倒角距离15并按下空格键确定，输入第二倒角距离15并按下空格键确定，完成倒角距离的指定。

步骤03　分别选取两相交直线为倒角对象，系统将预览倒角结果，如图4-34所示。

步骤04　再次单击【倒角】按钮◿，使用相同的倒角参数，完成如图4-35所示的倒角操作。

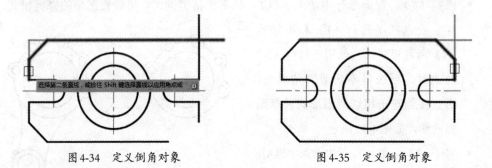

图4-34　定义倒角对象　　　　　图4-35　定义倒角对象

步骤05　再次单击【倒角】按钮◿，使用相同的倒角参数，选取结构图形右下角两条不相交的直线为倒角对象，系统将预览出倒角结果，如图4-36所示。

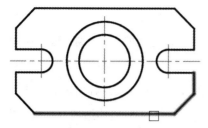

图4-36 预览倒角结果

在执行【倒角】命令过程中，常用子选项含义如下。

- 距离（D）：在命令行中输入字母D，按下空格键确定，可重定义倒角的两个距离值。

- 角度（A）：在命令行中输入字母A，按下空格键确定，可通过定义第一倒角边长和角度值来完成结构的倒角操作，如图4-37所示。

- 修剪（T）：在命令行中输入字母T，按下空格键确定，可重定义图形的修剪模式。其主要包括了修剪（T）和不修剪（N）两种模式，如图4-38所示。

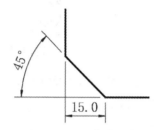

图4-37 指定角度倒角

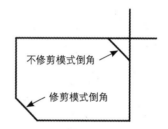

图4-38 两种修剪模式倒角

课堂范例——绘制拐杆视图

使用基本二维绘图命令与【修剪】、【圆角】等编辑命令，绘制如图4-39所示的拐杆视图。

步骤01 使用光盘文件"素材与结果文件"文件夹中的GB标准样板文件，新建图形文件。

步骤02 在【图层】工具栏中，选择【中心线】图层。

步骤03 单击【构造线】按钮，分别绘制一条水平构造线和一条垂直构造线；在【修改】工具组中单击【偏移】按钮，将水平构造线向上偏移66。

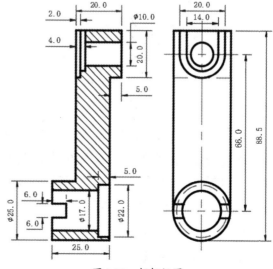

图4-39 拐杆视图

步骤04　在【图层】工具栏中，选择【轮廓线】图层。

步骤05　单击【圆心、半径】按钮◎，分别捕捉构造线的交点，绘制如图4-40所示的3个圆形。

步骤06　单击【直线】按钮✎，捕捉圆的象限点，绘制如图4-41所示的直线段。

步骤07　在【修改】工具组中单击【偏移】按钮◎，将垂直构造线分别向左右各偏移7、10；单击【直线】按钮✎，捕捉偏移构造线与水平直线的交点，绘制如图4-42所示的4条垂直直线。

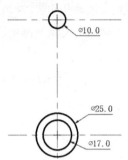

图4-40　绘制参考中心线与圆形

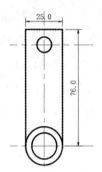

图4-41　绘制直线段

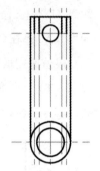

图4-42　绘制垂直直线

步骤08　在【修改】工具组中单击【圆角】按钮◻，分别指定圆角半径为7和10，选取垂直直线为圆角对象，完成圆角曲线的绘制，如图4-43所示。

步骤09　在【图层】工具栏中，选择【虚线】图层。

步骤10　单击【直线】按钮✎，通过圆弧的中点，绘制如图4-44所示的水平直线。

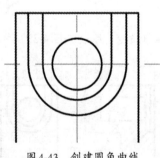

图4-43　创建圆角曲线

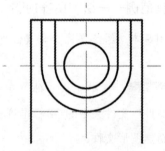

图4-44　绘制水平直线

步骤11　在【图层】工具栏中，选择【轮廓线】图层。

步骤12　在【修改】工具组中单击【偏移】按钮◎，将主视图下方的水平构造中心线分别向上下各偏移3；单击【直线】按钮✎，捕捉构造中心线与圆形的交点，绘制如图4-45所示的4条水平直线。

步骤13　在【图层】工具栏中，选择【虚线】图层。

步骤14　单击【圆心、半径】按钮◎，捕捉构造中心线的交点为圆心，绘制直径为22的圆形，如图4-46所示。

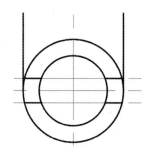

图 4-45 绘制 4 条水平直线

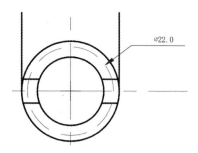

图 4-46 绘制圆形

步骤15 在【图层】工具栏中，选择【轮廓线】图层。

步骤16 单击【构造线】按钮，在主视图左侧绘制一条垂直的构造线，再捕捉主视图上的特征点，绘制4条水平构造线；在【修改】工具组中单击【偏移】按钮，分别将垂直构造线向左偏移5、20、30，如图4-47所示。

步骤17 在【修改】工具组中单击【修剪】按钮，修剪所有相交的构造线，完成右剖视图基本结构的绘制，如图4-48所示。

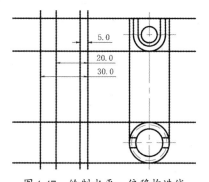

图 4-47 绘制水平、偏移构造线

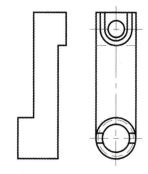

图 4-48 修剪图形

步骤18 单击【构造线】按钮，捕捉主视图上槽口特征的象限点，绘制4条水平构造线；在【修改】工具组中单击【偏移】按钮，将右视图上方左侧的垂直直线向右偏移2、4，如图4-49所示。

步骤19 在【修改】工具组中单击【修剪】按钮，修剪所有相交的构造线，如图4-50所示。

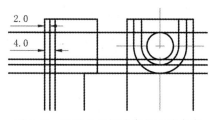

图 4-49 绘制水平构造线与偏移直线

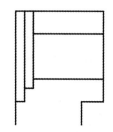

图 4-50 修剪图形

步骤20 在【修改】工具组中单击【偏移】按钮，将右视图下方左侧垂直直线向右偏移6，将右侧垂直直线向左偏移5，如图4-51所示。

步骤21　单击【构造线】按钮，捕捉主视图上两个圆形的特征点，绘制4条水平构造线，如图4-51所示。

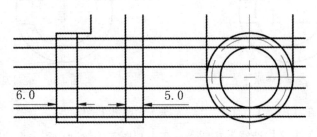

图4-51　绘制水平构造线与偏移直线

步骤22　在【修改】工具组中单击【修剪】按钮，修剪水平构造线与偏移的垂直直线，如图4-52所示。

步骤23　在【图层】工具栏中，选择【细实线】图层。

步骤24　单击【图案填充】按钮，选择【ANSI31】为当前的图案填充样式，设置图案倾斜角度为90°，设置显示比例为0.7；单击【拾取点】按钮，在4个封闭区域中的任意位置单击鼠标左键确定填充边界，再按下空格键完成视图剖面的创建，如图4-53所示。

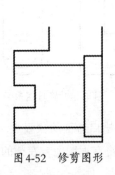
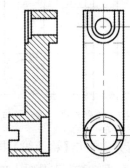

图4-52　修剪图形　　　　　　　图4-53　创建剖面线

4.3 高效编辑图形

使用AutoCAD绘制机械工程图时，常需要创建出多个形状尺寸相同的图形结构，而直接使用二维绘图命令来绘制会降低制图效率。因此，在绘制机械图样时就需要使用到高效的编辑工具，如【复制】、【镜像】、【偏移】、【阵列】等命令。

4.3.1　复制图形

使用AutoCAD提供的【复制】命令不仅可快速创建相同的结构图形，还可重定义该结构的空间位置。

【复制】命令的执行方法主要有以下3种。

（1）菜单栏：【修改】→【复制】命令。

（2）命令行：COPY 或 CO 或 CP。

（3）【编辑】工具组：在【修改】工具组中单击【复制】按钮 。

打开光盘文件"素材与结果文件\第4章\素材文件\4-10.dwg"，如图4-54左图所示；使用【复制】命令将左图修改为右图。

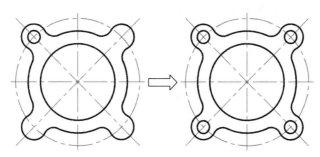

图 4-54　复制图形结构

步骤01 在【修改】工具组中单击【复制】按钮 。

步骤02 选取结构图形左上方的圆形为复制的源对象图形，按下空格键完成复制对象的定义，如图4-55所示。

步骤03 选取圆形的圆心点为复制操作的参考基点，移动十字光标，选取结构图形左下方圆弧结构的圆心为副本图形的放置点，如图4-55所示。

步骤04 再次单击【复制】按钮 ，选取圆形为复制对象，在命令行中输入字母O，打开复制模式选项，选择【多个】命令选项为复制的新模式；选取复制对象的圆心为基点，再分别选取结构图形右侧的两个交点为新的放置点，如图4-56所示。

步骤05 按下【Esc】键，完成图形的多个复制并退出命令。

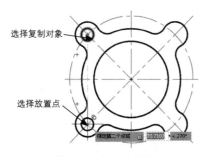

图 4-55　定义放置点

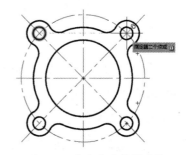

图 4-56　多个位置复制对象

在执行【复制】命令过程中，常用子选项含义如下。

- 选择对象：选择需要复制操作的源对象图形。

- 当前设置：显示当前【复制】命令的模式，一般将默认使用【单个】复制模式。
- 指定基点：选择复制源对象的参考基点，一般选取能定位结构图形的特征点。
- 位移（D）：在命令行中输入字母D，按下空格键确定，可通过指定位移距离的方式来定义复制图形的放置点。
- 模式（O）：在命令行中输入字母O，按下空格键确定，可重定义命令的复制模式，其一般包括【单个】和【多个】两个选项。
- 多个（M）：在激活【模式】选项后，可在命令行中输入字母M，按下空格键确定，将当前【复制】命令切换为多个复制模式。

4.3.2 镜像图形

镜像二维结构图形是通过将选取的图形对象按照轴对称的方式进行复制操作，从而创建出与源对象结构方向相反的结构图形。

【镜像】圆弧命令的执行方法主要有以下3种。

（1）菜单栏：【修改】→【镜像】命令。

（2）命令行：MIRROR 或 MI。

（3）【编辑】工具组：在【修改】工具组中单击【镜像】按钮▲。

打开光盘文件"素材与结果文件\第4章\素材文件\4-11.dwg"，如图4-57左图所示；使用【镜像】命令将左图修改为右图。

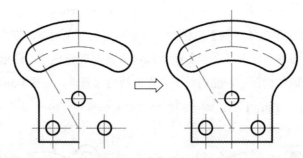

图 4-57　镜像图形结构

步骤01　在【修改】工具组中单击【镜像】按钮▲。

步骤02　选取结构图形左侧的圆弧曲线和直线段，按下空格键完成镜像对象的定义，如图4-58所示。

步骤03　选取结构图形中垂直中心线的顶端点为镜像线的第一个点，如图4-59所示。

步骤04　选取垂直中心线的另一端点为镜像线的第二个点，系统将预览出镜像结果，如图4-60所示。

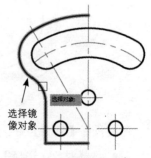

选择镜像对象

图 4-58　选取镜像对象

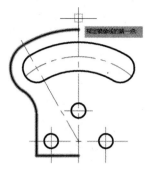

图 4-59 选取镜像线的第一点

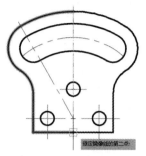

图 4-60 选取镜像线的第二点

步骤05 在弹出的【要删除源对象吗？】选项表中，选取【否】命令选项，完成结构图形的镜像复制操作，如图4-61所示。

图 4-61 源对象保留选项

4.3.3 偏移图形

偏移结构图形是将选取的结构对象按照指定的距离做增量平行的复制操作，从而创建出与源对象图形相似的结构图形。

【偏移】命令的执行方法主要有以下3种。

（1）菜单栏：【修改】→【偏移】命令。

（2）命令行：OFFSET 或 O。

（3）【编辑】工具组：在【修改】工具组中单击【偏移】按钮。

打开光盘文件"素材与结果文件\第4章\素材文件\4-12.dwg"，如图4-62左图所示；使用【偏移】命令将左图修改为右图。

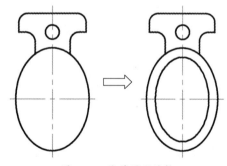

图 4-62 偏移图形结构

步骤01 在【修改】工具组中单击【偏移】按钮。

步骤02 在命令行中输入偏移距离值6，按下空格键完成偏移距离的指定，如图4-63所示。

步骤03 选取图形结构中的二维椭圆为偏移操作的源对象，向椭圆内部移动十字光标，选取椭圆内部任意一点作为偏移一侧上的点，完成图形结构的偏移操作，如图4-64所示。

步骤04 按下【Esc】键，完成图形的偏移并退出命令。

在执行【偏移】命令过程中，常用子选项含义如下。

● 指定偏移距离：用于指定当前偏移操作的距离值。

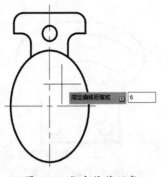

图4-63　指定偏移距离

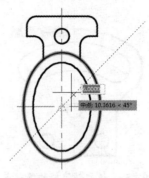

图4-64　指定偏移位置

- 选择要偏移的对象：选取偏移操作的源对象图形结构。

- 指定要偏移的那一侧上的点：选取源对象图形的偏移方向上的某个特征点。

- 通过（T）：在命令行中输入字母T，按下空格键确定，可指定一个通过点来定义偏移的位置，如图4-65所示。

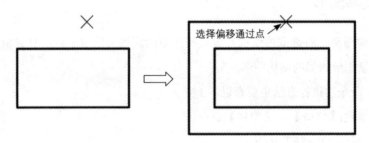

图4-65　指定通过点创建偏移结构

4.3.4　阵列图形

阵列二维结构图形是将选取的图形对象以矩形、环形（极轴）、路径等方式，进行规整排列的方式复制对象。在AutoCAD制图过程中，常用的方式为矩形阵列和环形阵列。

矩形阵列结构图形是通过指定行、列的参数来完成x轴与y轴阵列的距离控制。

环形阵列结构图形是通过指定旋转中心点，设置阵列旋转的填充角、项目数来完成环形阵列的结果。

【阵列】命令的执行方法主要有以下3种。

（1）菜单栏：【修改】→【阵列】命令。

（2）命令行：ARRAY或AR。

（3）【编辑】工具组：在【修改】工具组中单击【矩形阵列】按钮。在【修改】工具组中单击【环形阵列】按钮。

打开光盘文件"素材与结果文件\第4章\素材文件\4-13.dwg"，如图4-66左图所示；使用【矩形阵列】和【环形阵列】命令将左图修改为右图。

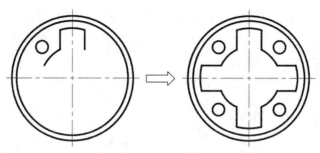

图 4-66 阵列结构图形

步骤01 在【修改】工具组中单击【矩形阵列】按钮圈。

步骤02 选取结构图形左上方的圆形,按下空格键完成矩形阵列对象的指定。

图 4-67 定义矩形阵列参数

步骤03 设置如图4-67所示的矩形阵列参数,按下空格键完成圆形的矩形阵列操作,如图4-68所示。

步骤04 在【修改】工具组中单击【环形阵列】按钮圈。

步骤05 选取结构图形上的两圆弧和两垂直直线,按下空格键完成环形阵列对象的指定。

步骤06 设置如图4-69所示的环形阵列参数,按下空格键完成结构图形的环形阵列操作,如图4-70所示。

图 4-68 预览矩形阵列结果

图 4-69 定义环形阵列参数

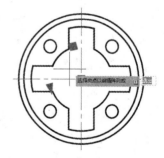

图 4-70 预览环形阵列结果

技能拓展

　　使用快捷键执行【阵列】命令并选取阵列对象后,可通过在弹出的【输入阵列】类型中选择【矩形】、【路径】和【极轴】选项,定义图形阵列的基本类型。

4.3.5 分解图形

　　分解二维结构图形是将某个整体式的多段图形拆解为一个个独立的组成对象。如分解正多边形、矩形、插入的图块等，都可以将其转换为独立的直线段。选取需要进行分解操作的结构图形，再执行【分解】命令就可将图形拆解为独立的组成单元。

【分解】命令的执行方法主要有以下3种。

（1）菜单栏：【修改】→【分解】命令。

（2）命令行：EXPLODE 或 X。

（3）【编辑】工具组：在【修改】工具组中单击【分解】按钮 。

4.3.6　图形特性匹配

在 AutoCAD 机械制图工程中，常需要变更结构图形的颜色、线型、线宽等属性，其主要有两种常用的方法。一种是利用图层工具栏来直接修改图形的属性，另一种是使用【特性匹配】命令来快速刷新结构图形的各个属性。

【特性匹配】命令的执行方法主要有以下3种。

（1）菜单栏：【修改】→【特性匹配】命令。

（2）命令行：MATCHPROP 或 MA。

（3）【特性】工具组：在【特性】工具组中单击【特性匹配】按钮 。

打开光盘文件"素材与结果文件\第4章\素材文件\4-14.dwg"，如图4-71左图所示；使用【特性匹配】命令将左图修改为右图。

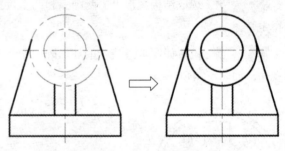

图4-71　特性匹配结构图形

步骤01　在【特性】工具组中单击【特性匹配】按钮 。

步骤02　选取倾斜直线为特性匹配的源对象，选取【中心线】图层上的圆形为目标对象，系统将把源对象图形的属性复制到目标对象图形上，如图4-72和4-73所示。

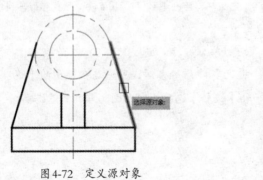

图4-72　定义源对象

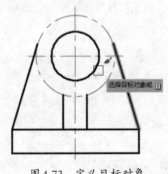

图4-73　定义目标对象

步骤03　按【Esc】键，完成图形的特性匹配操作并退出命令。

使用【插入】、【移动】、【旋转】、【删除】等图形编辑命令，创建如图4-74所示的法兰盘装配图。

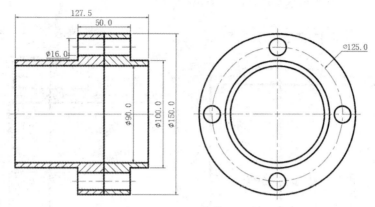

图4-74 法兰盘装配图

步骤01 使用光盘文件"素材与结果文件"文件夹中的GB标准样板文件，新建图形文件。

步骤02 执行【插入】命令，将光盘中"素材与结果文件\第4章\课堂范例\法兰盘—A.dwg"文件插入当前图形文件中。

步骤03 执行【插入】命令，将光盘中"素材与结果文件\第4章\课堂范例\法兰盘—B.dwg"文件插入当前图形文件中，如图4-75所示。

步骤04 在【修改】工具组中单击【分解】按钮，完成"法兰盘—A.dwg"图形结构的分解操作。

步骤05 在【修改】工具组中单击【分解】按钮，完成"法兰盘—B.dwg"图形结构的分解操作。

步骤06 在【修改】工具组中单击【移动】按钮，选择"法兰盘—B.dwg"剖视图上垂直直线的中点为移动基点，如图4-76所示。

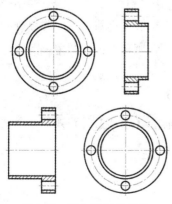

图4-75 插入装配零部件

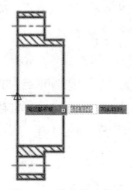

图4-76 指定移动基点

步骤07 选择"法兰盘—A.dwg"剖视图上垂直直线的中点为放置点，完成法兰盘零件的装配，如图4-77所示。

步骤08 标注法兰盘装配体尺寸。在【注释】工具组中单击【线性】按钮，完成法兰盘装配体外形定位尺寸的标注，如图4-78所示。

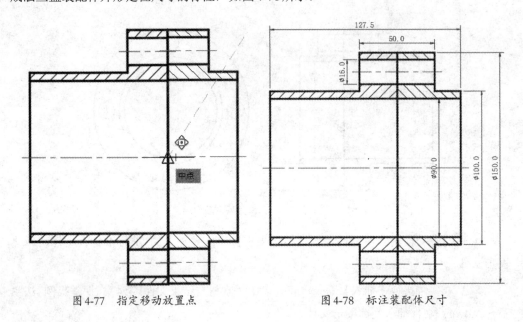

图4-77　指定移动放置点　　　　　　图4-78　标注装配体尺寸

🖳 课堂问答

本章通过对AutoCAD二维结构编辑命令的讲解，演示了常见的一些图形编辑修剪方法与技巧。下面将列出一些常见的问题供读者学习参考。

问题❶：怎样使用快速修剪模式修剪图形？

答：在执行【修剪】命令后，再次按下空格键确定，可跳过修剪边界的定义，直接进入快速修剪模式。使用快速修剪模式，可对图形的某个局部结构直接进行删除操作。

问题❷：在创建圆角、倒角特征过程中怎样使用修剪模式？

答：在创建圆角、倒角特征过程中，可在命令行中输入字母T，按下空格键确定，弹出【修剪模式选项】列表。如选取【修剪】选项，则可在创建圆角、倒角特征的过程中对连接对象进行修剪操作；如选取【不修剪】选项，则可在创建圆角、倒角特征的过程中保留连接对象的基本现状。

问题❸：创建副本图形结构的命令主要有哪些？

答：在机械制图过程中，可使用【复制】、【镜像】、【偏移】、【阵列】命令来快速创建现状相同的二维图形结构。

上机实战——装配千斤顶零件图

为巩固本章所学的内容，下面以千斤顶装配图为例综合演示本章所阐述的机械制图方法。

千斤顶零件图的效果展示如图4-79所示。

效果展示

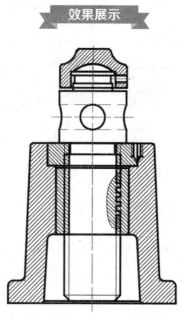

图4-79 千斤顶零件图的效果展示

思路分析

在创建千斤顶装配图的过程中，重点使用了AutoCAD视图的旋转、移动、删除等编辑操作。其主要有以下几个基本步骤。

- 使用GB样板新建图形装配文件。
- 插入千斤顶各零件图。
- 分解零件图。
- 使用【旋转】、【移动】命令装配零件图。

制作步骤

步骤01 使用GB标准样板文件，新建图形文件。

步骤02 执行【插入】命令，将光盘中"素材与结果文件\第4章\上机实战与同步训练"文件夹下的"底座.dwg""顶垫.dwg""螺杆.dwg""螺套.dwg"图形文件插入至当前装配文件中，如图4-80所示。

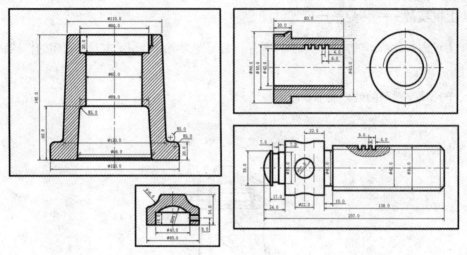

图 4-80　插入千斤顶零件图

步骤03　在【修改】工具组中单击【分解】按钮，选择插入的零件图为分解对象，完成千斤顶零部件图形结构的分解操作。

步骤04　在【修改】工具组中单击【删除】按钮，删除所有视图上的尺寸标注。

步骤05　在【修改】工具组中单击【旋转】按钮，将螺杆零件旋转90°；在【修改】工具组中单击【移动】按钮，选择螺杆零件为移动对象，将其与底座零件进行对齐操作，如图4-81所示。

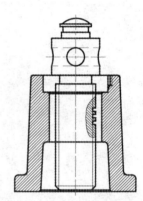

图 4-81　装配螺杆和底座

步骤06　在【修改】工具组中单击【旋转】按钮，将螺套零件旋转90°；在【修改】工具组中单击【移动】按钮，选择螺套零件为移动对象，将其与底座零件进行对齐操作，如图4-82所示。

步骤07　在【修改】工具组中单击【移动】按钮，选择顶垫零件为移动对象，将其与螺杆零件的顶部进行对齐操作，如图4-83所示。

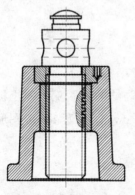

图 4-82　装配螺套和底座

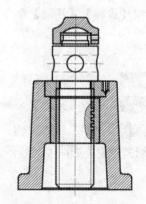

图 4-83　装配螺杆和顶垫

同步训练——装配卡环零件图

装配卡环零件图的图解流程如图4-84所示。

图解流程

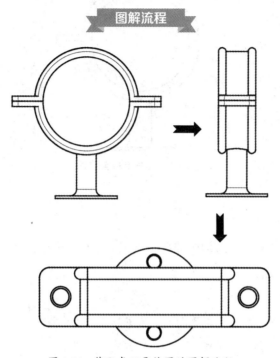

图4-84 装配卡环零件图的图解流程

思路分析

在本装配实例操作中将使用【插入】、【分解】、【移动】命令来完成上下卡环零件的装配，综合运用了二维特征点的捕捉技巧以及图形移动对齐的基本操作方法。

关键步骤

步骤01 执行【插入】命令，将光盘中"素材与结果文件\第4章\上机实战与同步训练"文件夹下的"上卡环.dwg"和"下卡环.dwg"图形文件插入至当前装配文件中，如图4-85所示。

步骤02 分解插入的零件图。执行【分解】命令，将图形块分解为独立的视图单位。

步骤03 执行【移动】命令，将上下卡环的主视图进行装配约束对齐，如图4-86所示。

步骤04 再次执行【移动】命令，将上下卡环的左视图和俯视图分别进行装配约

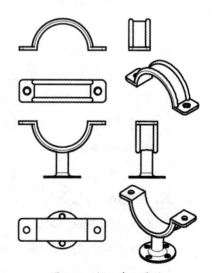

图4-85 插入卡环零件

束对齐，完成卡环零件的装配操作。

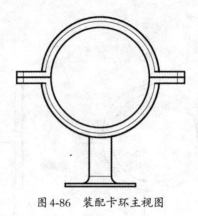

图 4-86   装配卡环主视图

知识与能力测试

本章讲解了使用 AutoCAD 编辑修剪二维机械结构的方法，为对知识进行巩固和考核，布置相应的练习题。

一、填空题

1. 使用_____命令可将选定的图形对象进行线性排列复制。

2. 打断图形主要有_____和_____两种方式。

3. 使用_____命令可将两个或多个相接的曲线转换为一个独立的图形对象。

4. 使用_____命令可将选定的图形对象进行环状排列复制。

二、选择题

1. 下列哪个快捷键可执行【移动】命令？（   ）

   A. C   B. T   C. M   D. EX

2. 下面哪个命令能对图形结构进行比例尺操作？（   ）

   A.【拉伸】   B.【缩放】   C.【旋转】   D.【延伸】

3. 下面哪个命令可创建对称结构的副本图形？（   ）

   A.【复制】   B.【偏移】   C.【镜像】   D.【阵列】

4. 下面哪个命令可将指定图形对象的属性复制到另一个图形对象上？（   ）

   A.【特性匹配】   B.【复制】   C.【移动】   D.【合并】

三、简答题

1. 对象选取一般有哪几种常用的方法？

2. 拉伸图形与延伸图形有何区别？

3. 缩放视图与缩放图形有何区别？

AutoCAD
2016

第 5 章

文字、表格与图块在机械制图中的应用

　　注释文字是机械图样的重要组成部分，主要用于机械零件图的制造技术说明和标题栏的填写。表格也是机械图样重要的组成部分，无论是零件图还是装配图，都需要使用表格来创建明细表、零件参数说明表以及标题栏表格。

　　在使用 AutoCAD 绘制机械装配图时，常需要频繁调用各种标准零件视图、粗糙度符号等结构图形，而使用图形块文件将提高用户的工作效率，快速地完成标准零件的装配操作。

学习目标

- 掌握文字样式的设置
- 了解特殊字符的添加方法
- 了解机械图形块的类型

- 掌握单行与多行文字的创建方法
- 掌握表格样式的设置与应用
- 掌握图形块的插入与保存

5.1 创建注释文字

注释文字作为机械图样中不可或缺的对象，一般用于标题栏的填写、加工技术说明要求、尺寸标注说明等方面。

在 AutoCAD 系统中，为使用符合行业标准的文字样式，用户在创建文字前应先设置文字的样式，从而定义出当前图形文件中文字的高度、字体及宽度系数。

5.1.1 机械制图文字样式要求

按照国家技术制图标准规定，各行业图样中文字的字高、字宽、字体都有一定的标准，特别是在机械制图行业中对于文字的样式则具有更为严格的要求。

机械工程图样上的汉字应采用国家正式公布的简化字，统一书写为长仿宋体，其字高应不小于 $3.5mm$，字宽一般为字高 $/ \sqrt{2}$。

5.1.2 设置文字样式

在 AutoCAD 系统默认情况下，一般将自动采用名为 Standard 的文字样式。该样式的字体为 Arial，字高为 0，字宽为 1，因此不适合机械制图对于字体的基本要求。

根据国家技术制图标准规定，可在 AutoCAD 系统中设置符合制图要求的文字样式，这就需要用到【文字样式】对话框。

打开【文字样式】对话框的方法主要有以下 3 种。

（1）菜单栏：【格式】→【文字样式】命令。

（2）命令行：DDSTYLE 或 ST。

（3）在【默认】选项卡中的【注释】工具组中单击 注释 ▼ 按钮，在展开的下拉列表中单击【文字样式】按钮 。

步骤01 在执行【文字样式】命令后，系统将打开【文字样式】对话框。使用该对话框可新建文字样式并设置文字样式的字体、字体样式、高度、宽度因子等参数，如图5-1所示。

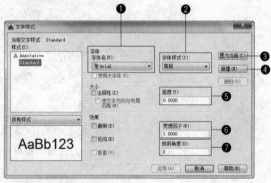

图 5-1 【文字样式】对话框

❶字体	用于选择当前文字样式的字体名称
❷字体样式	用于选择字体的显示样式，主要有【常规】、【斜体】、【粗体】、【粗斜体】4种样式
❸置为当前	单击置为当前(C)按钮，可将选定的文字样式应用到当前绘图环境
❹新建	单击新建(N)...按钮，可新建一个制图文字样式
❺高度	在【高度】文本框中可对指定的文字样式的字体高度进行设置
❻宽度因子	在【宽度因子】文本框中可对文字的宽度进行设置
❼倾斜角度	在【倾斜角度】文本框中可设置字体的倾斜角度

步骤02 在【文字样式】对话框中单击新建(N)...按钮，打开【新建文字样式】对话框，在对话框中输入新文字样式的名称，如图5-2所示。

步骤03 单击确定按钮，系统将返回【文字样式】对话框，在【字体名】下拉列表中选取【仿宋】，在【高度】文本框中指定字体高度为3.5，如图5-3所示。

步骤04 在【文字样式】对话框中单击应用(A)按钮，可将指定的文字样式应用至当前图形文件中。

图5-2　【新建文字样式】对话框

图5-3　设置字体与字高

5.1.3　为零件图创建单行文字注释

单行文字注释一般由完整的句子所组成，使用这种方法创建的每一行文字都是独立的结构对象，可对各行文字进行独立的编辑修改。

【单行文字】命令的执行方法主要有以下3种。

（1）菜单栏：【绘图】→【文字】→【单行文字】命令。

（2）命令行：TEXT或DT。

（3）【注释】工具组：在【注释】工具组中单击【单行文字】按钮A。

步骤01 在【注释】工具组中单击【单行文字】按钮A。

步骤02 在绘图区中任意位置单击鼠标左键，确定单行文字的起点；向右水平移动十字光标，定义文字的旋转角度为0°；在激活的文本框中输入注释文字，如图5-4所示。

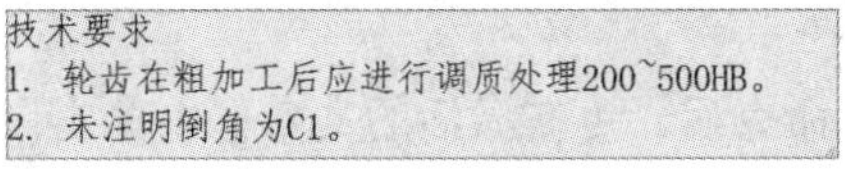

技术要求
1. 轮齿在粗加工后应进行调质处理200~500HB。
2. 未注明倒角为C1。

图5-4　输入文字内容

> **步骤03** 连续按下【Enter】键，完成单行文字的创建并退出命令。

温馨提示

执行【单行文字】命令后，可使用【Enter】键进行段落换行。在完成文字创建后，各行文字将独立为单行文字。

5.1.4 为零件图创建多行文字注释

多行文字是在指定的边界框内创建一行或多行文字段落，AutoCAD将自动把各行文字段落归为一个独立的结构对象，用户可对所有的文字进行移动、旋转等编辑操作。

【多行文字】命令的执行方法主要有以下3种。

（1）菜单栏：【绘图】→【文字】→【多行文字】命令。

（2）命令行：MTEXT或T。

（3）【注释】工具组：在【注释】工具组中单击【多行文字】按钮A。

> **步骤01** 单击【多行文字】按钮A。

> **步骤02** 在绘图区中任意位置单击鼠标左键，确定矩形第一个角点；移动十字光标，选取任意一点作为矩形边界的对角点，系统将激活文本框。

> **步骤03** 在文本框中输入多行文字的内容，如图5-5所示。

> **步骤04** 按【Esc】键，系统将弹出【多行文字-未保存的更改】对话框，如图5-6所示；单击 按钮，完成多行文字的创建。

图5-5　输入文字内容

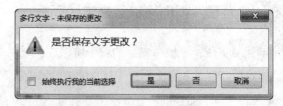

图5-6　多行文字保存对话框

5.1.5 为注释文字添加特殊字符

在机械制图过程中，创建多行文字以及标注尺寸文本时常需要输入一些特殊的符号，如度数符号、直径符号、公差符号、角度符号、正负符号等。

使用AutoCAD创建文字的过程中，可通过键盘输入方式或右键快捷菜单来完成符号的插入操作。

- 执行【多行文字】命令后，可在激活的文本框中单击鼠标右键，打开右键快捷菜单，如图5-7所示。

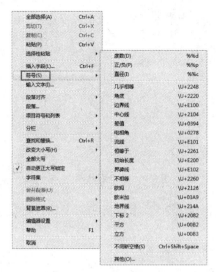

图5-7 【符号】右键菜单

- 执行【单行文字】命令后，则只能使用键盘输入指定的代码来创建特殊字符。一般格式为使用两个百分号（%%）加字母来表达这些特殊的符号。常用的几种特殊符号的代码介绍，如表5-1所示。

表5-1 常用几种特殊符号的代码介绍

代码	名称说明	代码	名称说明	代码	名称说明
%%d	角度度数符号（如：15°）	%%o	打开或关闭上画线	%%c	添加直径符号（ø）
%%p	正负公差符号（±）	%%u	打开或关闭下画线	\u2220	添加公差角度符号（∠）

5.1.6 为零件图创建引线注释

为机械图样添加具有引线的注释文字，可使用【多重引线】、【引线】以及【引线标注】命令来创建完成引线的定义和文字的输入。其中，使用【引线标注】命令最为简单快捷，且能在创建过程中对引线注释进行相应的参数设置。

在AutoCAD 2016中，【引线标注】命令只能使用快捷键的方式进行执行。

步骤01 在命令行中输入字母LE，按下空格键确定，执行【引线标注】命令。

步骤02 在命令行中输入字母S，按下空格键确定，打开【引线设置】对话框；在【注释类型】区域中勾选【多行文字】选项，如图5-8所示。

图5-8 【引线设置】对话框

步骤03 退出【引线设置】对话框，依次选择点A、B、C为引线的通过点，如图5-9所示。

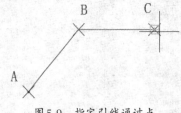

图5-9 指定引线通过点

步骤04 指定文字高度为3.5，指定文字类型为多行文字；在激活的文本框中输入文字注释内容。

5.1.7 编辑文字注释

在AutoCAD系统中，文字注释的编辑方法主要有以下两种。

1. 使用【文字编辑】命令

使用AutoCAD中的【文字编辑】命令，系统将根据单行文字与多行文字的属性，打开不同的编辑对话框。

针对单行文字，系统将直接激活文本框，用户可直接修改当前的文字内容；针对多行文字，系统将激活【文字编辑器】选项卡，用户不仅可以修改当前的文字内容，还可修改当前多行文字的字高、字体样式、颜色等显示属性。

执行【文字编辑】命令的方法主要有以下两种。

（1）菜单栏：【修改】→【对象】→【文字】→【编辑】命令。

（2）命令行：DDEDIT或DDE。

2. 使用【特性】命令

使用AutoCAD中的【特性】命令，可对选定的文字对象进行颜色、图层、文字内容、字体样式、倾斜角度、对齐方式等属性的修改编辑操作。

执行【特性】命令的方法主要有以下两种。

（1）菜单栏：【修改】→【特性】命令。

（2）命令行：PROPERTIES或PR或【Ctrl+1】。

课堂范例——绘制支架焊接图

使用【引线标注】、【多行文字】命令来创建焊接装配图的零件序号球标以及焊接技术要求说明文字，如图5-10所示。

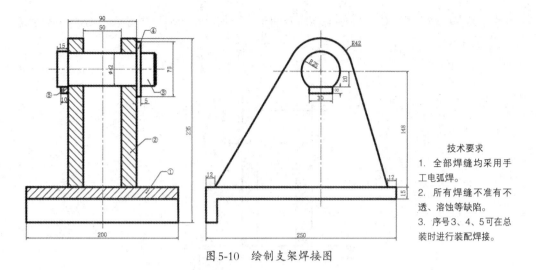

技术要求

1. 全部焊缝均采用手工电弧焊。

2. 所有焊缝不准有不透、溶蚀等缺陷。

3. 序号3、4、5可在总装时进行装配焊接。

图5-10 绘制支架焊接图

> **步骤01** 使用光盘文件"素材与结果文件"文件夹中的GB标准样板文件，新建图形文件。

技能拓展

　　使用GB标准样板文件创建图形文件后，系统就自动应用已设置的文字至当前绘图环境中。如使用其他样板文件创建图形，则需要重定义当前图形文件的文字样式。

> **步骤02** 绘制支架焊接装配图。使用二维绘图与编辑命令，创建支架焊接装配结构，如图5-11所示。

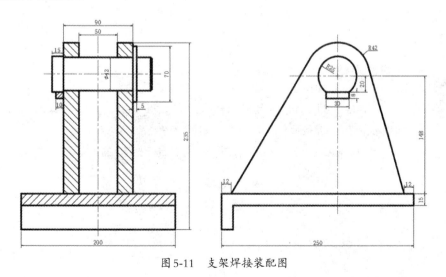

图5-11 支架焊接装配图

> **步骤03** 创建零件序号。在命令行中输入字母LE，按下空格键确定，执行【引线标注】命令；依次选择3个点作为引线的通过点，指定文字高度为3.5，指定文字类型

为多行文字；输入数字①，完成球标序号的定义；使用相同的操作方法，创建出其他装配零件的装配序号，如图5-12所示。

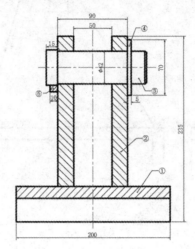

图5-12　创建零件装配序号球标

步骤04　创建文字注释。在【注释】工具组中单击【多行文字】按钮**A**，选取任意两个点作为矩形框的对角顶点，在文本框中输入焊接技术要求的说明文字，如图5-13所示。

步骤05　按【Esc】键，退出并保存多行文字。

图5-13　创建多行文字注释

5.2　创建表格

在AutoCAD 2016中，用户不仅可使用【直线】、【修剪】等命令来完成表格图形的绘制，还可直接使用【表格】命令来快速创建表格图形。

使用AutoCAD创建表格前，应先设置好符合行业标准的表格样式，再根据表格样式创建出表格对象。

5.2.1　设置机械制图表格样式

在系统默认情况下，AutoCAD将采用Standard样式当前绘图环境中的表格样式。针对机械制图中使用的零件图与装配图标题栏表格，系统也提供了表格的创建、编辑等操作。

【表格样式】命令的执行方法主要有以下3种。

（1）菜单栏：【格式】→【表格样式】命令。

（2）命令行：TABLESTYLE或TS。

（3）在【默认】选项卡中的【注释】工具组中单击 注释 ▼ 按钮，在展开的下拉列表中单击【表格样式】按钮 。

步骤01 执行【表格样式】命令后，系统将打开【表格样式】对话框，如图5-14所示。

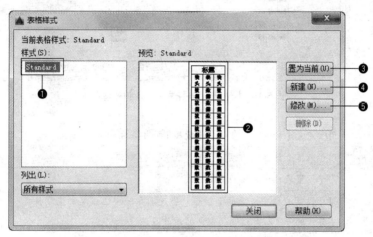

图5-14 【表格样式】对话框

❶样式列表	用于显示当前已创建的各表格样式名称
❷样式预览	用于对选定表格样式的预览展示
❸置为当前	单击 置为当前(U) 按钮，可将选定的表格样式应用于当前绘图环境
❹新建表格样式	单击 新建(N)... 按钮，可新建一个表格样式
❺修改表格样式	单击 修改(M)... 按钮，可对选定的表格样式进行属性修改

步骤02 单击 新建(N)... 按钮，系统将打开【创建新的表格样式】对话框，在对话框中输入新表格样式的名称，如图5-15所示。

图5-15 【创建新的表格样式】对话框

步骤03 单击 继续 按钮，系统将打开【新建表格样式：GB】对话框。在【文字】选项卡中设置文字样式为GB，字高默认为3.5，如图5-16所示。

步骤04 在【常规】选项卡中设置对齐方式为【正中】，其他参数使用系统默认。

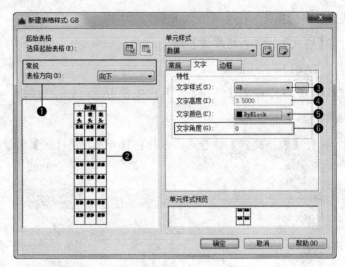

图 5-16 【新建表格样式：GB】对话框

❶表格方向	用于定义【标题】、【表头】、【数据】的排列方向
❷样式预览	用于新建表格样式的预览显示
❸文字样式	用于设置表格中文字的显示样式
❹文字高度	用于设置表格中文字的高度值。当使用系统中已设定的文字样式时，将默认该文字样式的字高，此选项呈灰色显示且不可操作
❺文字颜色	用于设置表格文字的基本颜色
❻文字角度	用于设置文字在表格中的放置倾斜角度

步骤05 单击 确定 按钮，返回【表格样式】对话框；单击 置为当前(U) 按钮，使新表格样式应用为当前表格样式。

5.2.2 在零件图中插入表格

使用【表格】命令可在绘图区中创建一个指定样式的表格图形，在创建表格时需要设定表格的行数、列数以及行高、列高等参数。

【表格】命令的执行方法主要有以下3种。

（1）菜单栏：【绘图】→【表格】命令。

（2）命令行：TABLE 或 TB。

（3）【注释】工具组：在【注释】工具组中单击【表格】按钮 ▦。

步骤01 执行【表格】命令后，系统将打开【插入表格】对话框，如图5-17所示。

步骤02 在【表格样式】列表中选择GB样式，勾选【指定插入点】选项，指定表格插入方式；设置列数为6，列宽为25，行数为4，行高为1。

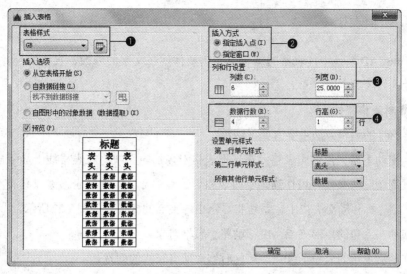

图5-17 【插入表格】对话框

❶表格样式	用于选择已创建的表格样式，一般系统将默认选择置为当前的表格样式。单击 🖼 按钮，可打开【表格样式】对话框创建新的表格样式
❷插入方式	用于定义当前已设置行、列参数后，表格的插入方法。一般系统将默认【指定插入点】
❸列参数设置	用于定义插入表格的列数、列宽值
❹行参数设置	用于定义插入表格的行数、行高值

步骤03 单击 确定 按钮，返回绘图区并出现"指定插入点"提示信息，如图5-18所示；选择任意一点为表格的插入点，系统将创建并激活选定的表格，如图5-19所示。

图5-18 定义表格插入点

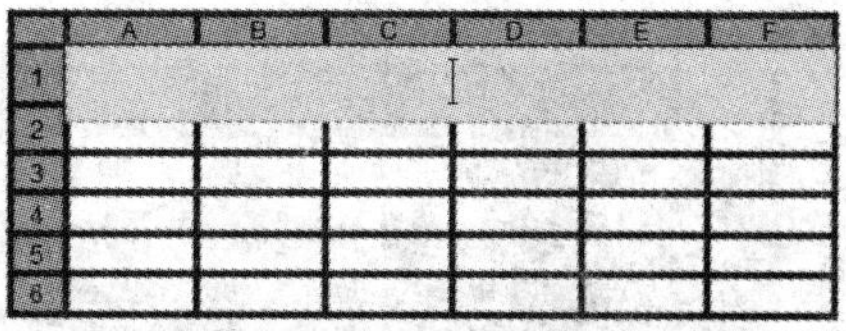

图5-19 插入表格

步骤04 在激活的标题文本框中输入文字"轴承座"，如图5-20所示；使用键盘上的方向键切换激活表格框，完成表格文字的输入并退出编辑状态，如图5-21所示。

图5-20 输入文字内容

图5-21 完成文字输入

5.2.3 编辑表格

在 AutoCAD 系统中，表格的编辑操作主要体现在文字的修改、表格的合并与删除、表格特性的修改等方面。

1. 编辑表格特性

表格特性的编辑方法主要有如下两种。

（1）拖动表格夹点编辑表格：在选取表格对象后，系统将在表格线上显示出关键夹点，通过拖动这些夹点，可快速地修改表格行、列参数。不同的表格夹点具有不同的含义，将十字光标移动至夹点上，系统将显示出各夹点的含义，如图 5-22 所示。

①拖动左上角的矩形夹点，可移动整个表格对象。

②拖动右上角的三角形夹点，可同时修改所有表格的列宽。

③拖动表格上的矩形夹点，可单点修改指定表格的列宽。

④拖动左下角的三角形夹点，可同时修改所有表格的行宽。

⑤拖动右下角的三角形夹点，可同时修改所有表格的列宽、行宽。

（2）使用【特性】命令编辑表格：选取表格后，按【Ctrl+1】组合键，系统将打开【特性】对话框，如图 5-23 所示。在该对话框中，可重定义表格的行数、列数、行宽、列宽等参数。

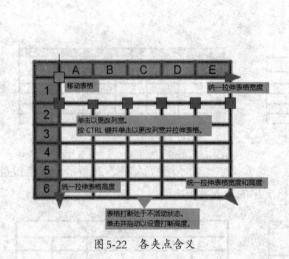

图 5-22　各夹点含义

图 5-23　使用【特性】编辑表格

2. 编辑表格的单元格

选择已创建的表格单元格，系统将在功能区中添加【表格单元】选项卡。它主要包括了【行】、【列】、【合并】、【单元样式】等工具组，其基本命令功能说明如下。

（1）合并单元格：按住【Shift】键，可连续选取多个单元格，再在【合并】工具组中单击【合并全部】按钮，系统将把选取的多个单元格合并为一个单元格，如图5-24所示。

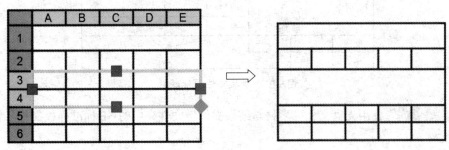

图5-24　合并单元格

（2）取消合并单元格：选取已合并的单元格，系统将激活【取消合并单元】命令，执行该命令可逆向操作已合并的单元格。

（3）行、列单元格操作：在【行】、【列】工具组中，可使用相应的命令工具增加或减少表格的行、列数，如图5-25所示。

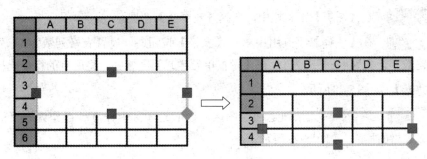

图5-25　删除行单元格

（4）匹配单元格：用于将指定的单元格属性复制到其他单元格中，从而改变其他单元格的显示样式。

（5）对齐单元格：在【表格样式】工具组中，可调整文字在单元格中的对齐方式，如图5-26所示。

技能拓展

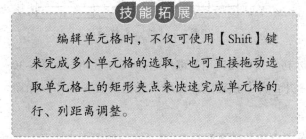

编辑单元格时，不仅可使用【Shift】键来完成多个单元格的选取，也可直接拖动选取单元格上的矩形夹点来快速完成单元格的行、列距离调整。

图5-26　表格文字对齐命令列表

课堂范例——创建机械零件图标题栏

使用【表格样式】、【表格】命令创建符合机械制图要求的标题栏，如图5-27所示。

			材料		比例	
			数量		图号	
制图						
审核						

图5-27　机械零件图标题栏

步骤01　使用光盘文件"素材与结果文件"文件夹中的GB标准样板文件，新建图形文件。

步骤02　单击【表格样式】按钮■，新建一个名为GB的表格样式，在【常规】选项卡中设置表格对齐方式为【正中】，在【文字】选项卡中选择已设置的GB文字样式为当前表格的文字样式。

步骤03　单击 确定 按钮返回【表格样式】对话框，将新建的GB表格样式置为当前并退出【表格样式】对话框。

步骤04　在【图层】工具栏中，选择【轮廓线】图层。

步骤05　在【注释】工具组中单击【表格】按钮■，设置表格列数为7，列宽为20，设置数据行数为4，行高为1；在【设置单元样式】区域中，将所有的行单元样式设置为【数据】，如图5-28所示。

步骤06　单击 确定 按钮返回绘图区，选取绘图区中任意一点作为表格的放置点，完成表格的插入，如图5-29所示。

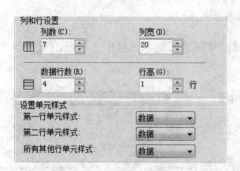

图5-28　设置表格行列数

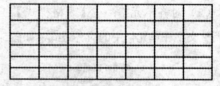

图5-29　完成表格的插入

步骤07　选择左上角的A1单元格，按住【Shift】键再选择C2单元格，如图5-30所示；在【合并】工具组中单击【合并全部】按钮■，完成单元格的合并操作，如图5-31所示。

步骤08　选择D3单元格，按住【Shift】键再选择G4单元格，如图5-32所示；在【合并】工具组中单击【合并全部】按钮■，完成单元格的合并操作，如图5-33所示。

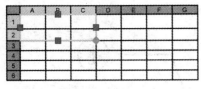

图5-30 选择单元格①

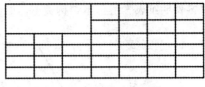

图5-31 合并单元格①

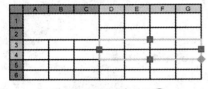

图5-32 选择单元格②

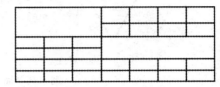

图5-33 合并单元格②

步骤09 选择A5单元格，按住【Shift】键再选择G6单元格；在【行】工具组中单击【删除行】按钮，完成单元格的删除操作，如图5-34所示。

步骤10 双击表格的单元格，再输入相应的文字完成标题栏文字的填写，如图5-35所示。

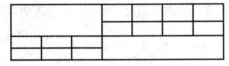

图5-34 完成单元格删除

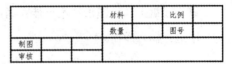

图5-35 填写表格文字

5.3 创建机械符号图块

在机械制图的过程中，常需要反复绘制各种规格的零件视图，如螺栓、螺母、轴承等，这些标准件的形状与尺寸都具有通用性，因此在作图时可通过图块的方式进行反复调用，从而快速地完成机械图样的制作。

使用AutoCAD绘制的图形块可提高机械制图效率，其主要有以下几个优点。

- 能快速地插入标准的结构图形，提高绘图效率。
- 能批量、集中地修改标准结构图形。
- 能节省磁盘存储空间，快速修改结构图形的属性与信息。

在AutoCAD的【默认】选项卡中，系统提供的【块】工具组里面具备了常用的块命令。另外，单击功能区中的【插入】选项卡，可获得更多关于块图形的编辑命令。

5.3.1 机械制图图块类型

使用AutoCAD绘制机械图样常用的图块有"粗糙度符号""零件序号球标""标准零

件""零件明细表"等基本结构类型,如图5-36所示。

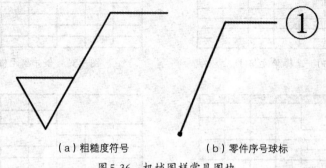

（a）粗糙度符号　　　　　　（b）零件序号球标

图 5-36　机械图样常见图块

而从软件的操作上进行分类,则主要划分为"内部块"和"外部块"两种。

- 内部图形块:在完成图形块的绘制后,系统将把此图形块存储至当前的图形文件中。该图形块只能在当前图形文件中进行调用,其他图形文件不能使用这样的内部图形块。

- 外部图形块:在完成图形块的绘制后,可将此图形块通过【写块】命令存储至计算机磁盘上。该图形块不仅能在当前图形文件中进行调用,还能在其他图形文件中进行插入操作。

5.3.2　创建机械符号图块

使用 AutoCAD 系统中的【创建块】命令,可将指定的图形结构创建为一个独立的图形块结构。

【创建块】命令的执行方法主要有以下3种。

（1）菜单栏:【绘图】→【块】→【创建】命令。

（2）命令行:BLOCK 或 B。

（3）【块】工具组:在【块】工具组中单击【创建块】按钮。

步骤01　使用二维绘图与编辑命令,绘制螺母俯视图。

步骤02　在【块】工具组中单击【创建块】按钮,系统将打开【块定义】对话框。

步骤03　在【名称】文本框中输入块命令"螺母",在【对象】区域中单击【选择对象】按钮,使用窗交方式选取螺母俯视图所有的二维线段为块定义对象,如图5-37所示;按下空格键确定,返回【块定义】对话框。

步骤04　单击【基点】区域中的【拾取点】按钮,再选取螺母俯视图中的中心线交点为图块的插入基点,如图5-38所示。

步骤05　在【块定义】对话框中勾选【转换为块】选项,如图5-39所示;单击　确定　按钮完成图块的创建。

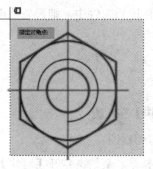

图 5-37 指定插入对象

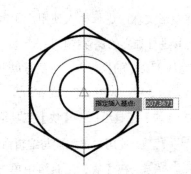

图 5-38 指定插入基点

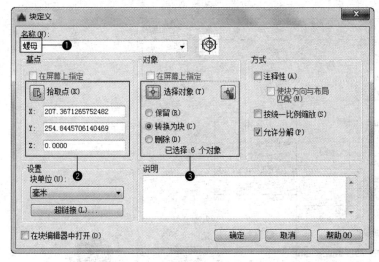

图 5-39 【块定义】对话框

❶块名称	用于定义图形块在系统中的识别名称
❷插入基点	用于定义图形块的放置参考点。一般使用【拾取点】方式来直接定义，也可分别定义 x、y、z 坐标值来精确定位放置点
❸插入对象	用于指定创建图块的二维图形结构，一般使用【选择对象】方式来直接选取图块的创建对象

技能拓展

在【对象】区域中，系统将显示出插入对象的基本信息。如未选取任何插入对象，系统将显示【未选定对象】的警告信息，如已选取插入对象，系统将显示出指定对象的数量。

5.3.3 保存机械符号图块

在完成图块的创建后，系统将自动在当前图形文件中保存各结构图块。该图块只能在当前图形文件中进行插入使用，如需要插入到其他图形文件中，则需先使用【写块】命令将其进行独立的保存操作。

【写块】命令的执行方法主要有以下两种。

（1）命令行：WBLOCK 或 WBL。

（2）【块】工具组：在【块】工具组中单击【写块】按钮 🖪。

步骤01 使用二维绘图与编辑命令，绘制螺母俯视图。

步骤02 在【块】工具组中单击【写块】按钮 🖪，系统将打开【写块】对话框，如图5-40所示。

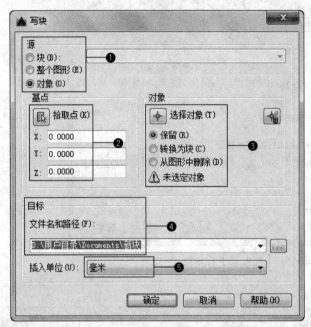

图5-40 【写块】对话框

> **温馨提示**
>
> 在【基点】区域中分别设置 x、y 轴的坐标值来精确定义图块的插入基点。

❶写块源对象	用于指定写块操作的源对象图形，一般有【块】、【整个图形】和【对象】3个基本定义方式
❷基点	用于定义图块插入的放置参考点
❸对象	用于指定写块操作的二维图形结构
❹目标	用于指定写块操作的文件名称和保存路径
❺插入单位	用于指定图块插入时的默认计量单位

步骤03 在【源】区域中选中【对象】选项，在【对象】区域单击【选择对象】按钮 ➕，使用窗交方式选取螺母俯视图所有的二维线段为块定义对象；按下空格键确定，返回【写块】对话框。

步骤04 单击【基点】区域中的【拾取点】按钮 🖪，再选取螺母俯视图中的中心线交点为图块的插入基点。

步骤05 在【文件名和路径】文本框中重定义图块的保存名称与路径，单击 确定 按钮，完成图块文件的保存操作。

5.3.4 在机械图中插入符号图块

在完成AutoCAD图形块的创建后，可在当前图形文件中进行反复地调用，从而快速地绘制出结构相同的图形对象。针对新的图形文件，则需要使用已写块操作的图形块。

不管是采用"内部块"还是"外部块"的方式创建机械符号图块，其操作的基本思路都相同。

1. 插入内部块

在创建图形块的图形文件中，不仅可使用【插入】命令来调用已定义的图块，还可在【块】工具组中单击【插入】按钮，在展开的图形块插入列表中选取需要的机械图块作为插入对象。

步骤01 在【块】工具组中单击【插入】按钮，展开图块列表，如图5-41所示。

步骤02 选取列表中已创建的"螺母"图形块为当前文件中的插入对象。

步骤03 定义插入点。在绘图区中选择一点作为图块的插入点，完成图形块的插入操作。

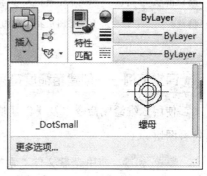

图5-41 【插入】图形块列表

2. 插入外部块

外部图形块的插入方法主要有以下3种。

（1）菜单栏：【插入】→【块】命令。

（2）命令行：INSERT或I。

（3）【块】工具组：单击【插入】按钮，在展开的图块列表中选择【更多选项】命令选项。

步骤01 单击【插入】按钮，再选择【更多选项】命令选项，系统将打开【插入】对话框，如图5-42所示。

步骤02 在【插入】对话框中单击 浏览(B) 按钮，打开【选择图形文件】对话框；浏览到磁盘上已保存的图块文件，单击 打开(O) 按钮，返回"插入"对话框；使用系统默认的相关参数，单击 确定 按钮完成插入对象的指定。

步骤03 在绘图区中选择一点作为图块的插入点，完成图形块的插入操作。

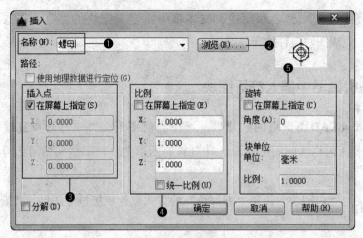

图 5-42 【插入】对话框

❶ 名称	用于显示当前已指定插入的图块名称
❷ 浏览	单击 浏览(B)... 按钮，可重定义插入图块对象
❸ 插入点	用于确定插入点的指定方式，一般系统将默认勾选【在屏幕上指定】选项
❹ 比例	用于调整图块插入后的尺寸比例，一般默认插入的图块在坐标系中的比例为1
❺ 旋转	用于调整图块插入后的放置角度

📖 课堂范例——创建粗糙度符号块

使用二维绘图命令以及【创建块】、【写块】命令，创建如图5-43所示的机械粗糙度符号图块。

步骤01 使用光盘文件"素材与结果文件"文件夹中的GB标准样板文件，新建图形文件。

步骤02 绘制粗糙度符号。使用二维绘图与编辑命令，绘制如图5-44所示的直线段。

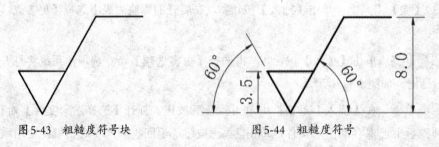

图 5-43 粗糙度符号块 　　　　　图 5-44 粗糙度符号

> **温馨提示**
> 粗糙度符号的画法与线性尺寸都有具体的规格，关于粗糙度符号尺寸数据，可见附录2-表面粗糙度符号尺寸参考表。

步骤03 在【块】工具组中单击【写块】按钮，打开【写块】对话框；选中【对象】选项，单击【选择对象】按钮，选取粗糙度符号的直线段为块定义对象，如图5-45所示；按下空格键确定，返回【写块】对话框。

步骤04 单击【拾取点】按钮，再选取粗糙度符号上的顶点为图块的插入基点，如图5-46所示。

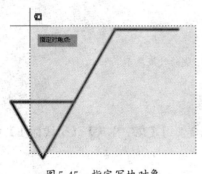

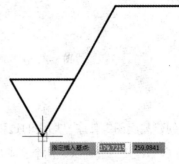

图5-45 指定写块对象　　　　　　　图5-46 指定插入基点

步骤05 在【文件名和路径】文本框中重新指定粗糙度符号块的保存路径，单击 确定 按钮，完成粗糙度符号图形的写块操作。

课堂问答

本章通过对文字、表格、机械符号图块的制作进行讲解，演示了机械图样文字注释的创建、标题栏表格的制作、粗糙度符号图块的制作。下面将列出一些常见的问题供读者学习参考。

问题❶：机械制图对于文字样式有什么样的要求？

答：在机械制图过程中，所有的汉字都应采用国家正式公布的简化字体，并统一使用长仿宋体，其字体高度一般不小于3.5mm。

问题❷：怎样在标注文字或注释文字前添加特殊字符？

答：在标注文字或注释文字激活状态下，可将十字光标移动至文字前，再输入AutoCAD系统规定的字符代码，就可以在文字前添加各种特殊字符。

问题❸：怎样插入磁盘上已保存的图形文件？

答：插入磁盘上已保存的图形文件与插入外部图块的操作基本相同，都可以使用【插入】命令来浏览到图形文件的保存路径，最后将其引用至当前图形文件中。

上机实战——创建装配图零件序号图块

为巩固本章所学内容，下面以装配图零件序号图块为例，综合演示本章所阐述的图块制作方法。

装配图零件序号图块的效果展示如图5-47所示。

效果展示

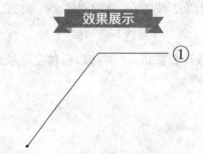

图5-47　装配图零件序号图块的效果展示

思路分析

在创建装配图零件序号图块的过程中，将综合使用【文字样式】、【引线标注】以及【写块】命令。其主要有以下几个基本步骤。

- 新建GB标准的图形文件。
- 设置引线标注的基本样式。
- 创建零件序号球标。
- 将创建的零件序号球标进行写块操作。

制作步骤

步骤01　使用GB标准样板文件，新建图形文件。

步骤02　在【图层】工具栏中，选择【尺寸标注】图层。

步骤03　在命令行中输入字母LE，按下空格键确定，执行【引线标注】命令；在命令行中输入字母S，按下空格键确定，系统将打开【引线设置】对话框。

步骤04　在【注释】选项卡中勾选【多行文字】命令项为注释类型，如图5-48所示；在【引线和箭头】选项卡中设置引线为【直线】，设置箭头为【小点】，如图5-49所示。

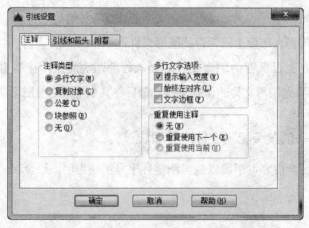

图5-48　设置注释类型

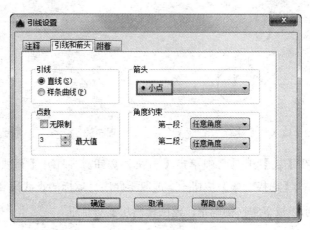

图5-49　设置引线和箭头

步骤05 在【附着】选项卡中设置位置左右两边均为【多行文字中间】，如图5-50所示；单击 确定 按钮，退出【引线设置】对话框；依次选择点A、B、C作为引线的通过点，如图5-51所示。

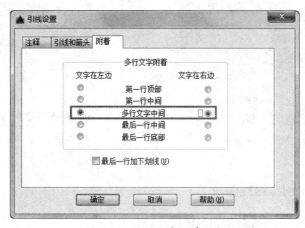

图5-50　设置文字附着方式

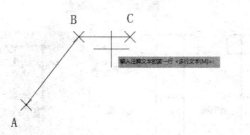

图5-51　指定引线通过点

步骤06 指定文字类型为多行文字，在文本框中输入数字①，退出【文字编辑器】完成序号的指定，如图5-52所示；删除A、B、C三个特征点，完成球标的绘制，如图5-53所示。

图 5-52 输入数字球标　　　　　图 5-53 完成零件序号球标的绘制

步骤07 在【块】工具组中单击【写块】按钮，打开【写块】对话框；勾选
【对象】选项，单击【选择对象】按钮，选取零件序号球标的直线段和数字为块定义对
象，如图 5-54 所示；按下空格键确定，返回【写块】对话框。

步骤08 单击【拾取点】按钮，再选取球标原点为图块的插入基点，如图 5-55
所示；在【文件名和路径】文本框中重定义零件序号球标的保存路径，完成外部图块的
保存操作。

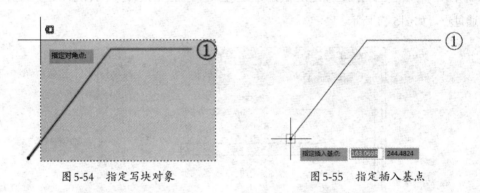

图 5-54 指定写块对象　　　　　图 5-55 指定插入基点

🌐 同步训练——创建螺栓图块

创建螺栓图块的图解流程如图 5-56 所示。

图解流程

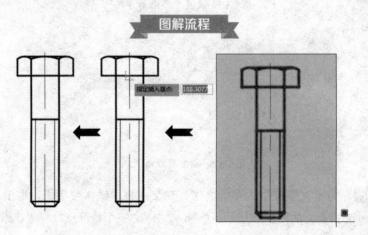

图 5-56 创建螺栓图块的图解流程

本例中以机械制图中常用的螺栓视图为演示对象，综合运用了二维绘图与编辑命令，再使用【写块】命令将螺栓视图保存为图块文件。

关键步骤

步骤01 使用二维绘图、编辑命令以及图层管理工具，绘制如图 5-57 所示的螺栓视图。

步骤02 执行【写块】命令，选择螺栓视图的所有二维图形结构为写块对象，选择螺栓头上的一特征点为图块的插入参考点，如图 5-58 所示。

步骤03 将螺栓图块保存至指定的磁盘路径下。

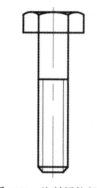

图 5-57　绘制螺栓视图

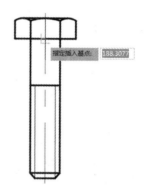

图 5-58　指定插入点

知识与能力测试

本章讲解了使用 AutoCAD 创建注释文字、技术表格、图形符号块的方法，为对知识进行巩固和考核，布置相应的练习题。

一、填空题

1. 使用 AutoCAD 默认样板文件时，系统将采用名为_____的文字样式。

2. 使用 AutoCAD 创建文字主要有_____和_____两个命令。

3. 在命令行输入字母 ST 并按下空格键确定，可打开_____对话框。

4. 在命令行输入字母 TS 并按下空格键确定，可打开_____对话框。

二、选择题

1. 下列哪个命令可创建各独立段落的注释文字？（　　　）

　　A.【单行文字】　　　B.【多行文字】　　　C.【创建块】　　　D.【合并】

2. 使用下面哪个命令可对文字、表格等对象的属性进行编辑修改？（　　　）

　　A.【特性】　　　B.【图层】　　　C.【插入】　　　D.【编辑】

3．下面哪个命令常用于图形块的磁盘保存操作？（　　　）

　　A.【创建块】　　　　B.【写块】　　　　C.【插入】　　　　D.【保存】

4．下面哪个命令用于图形块的重复调用操作？（　　　）

　　A.【创建块】　　　　B.【插入】　　　　C.【写块】　　　　D.【复制】

三、简答题

1．怎样快速创建具有引线的文字注释？

2．单行文字与多行文字有何区别？

3．内部块与外部块有何区别？

AutoCAD
2016

第6章

标注与输出机械图样

　　一幅完整的机械工程图不仅需要以基本的二维图形结构来表达机件的轮廓形状，还需要用尺寸标注来对机件进行定位和定形，针对结构较为复杂的机械图样，有时还需要文字注释来辅助说明。

　　本章介绍在AutoCAD中如何对二维图形结构标注尺寸以及编辑尺寸。

学习目标

- 掌握新建机械图标注样式
- 掌握线性尺寸标注
- 掌握角度尺寸标注
- 掌握半径/直径尺寸标注
- 了解尺寸标注的常用编辑方法
- 掌握机械图样的打印设置

6.1 机械图样的尺寸标注

本节将介绍使用AutoCAD标注机械图样的基本方法，主要包括标注样式的新建、线性尺寸的标注、角度尺寸的标注、半径/直径尺寸的标注及形位公差的标注等内容。

6.1.1 机械图样尺寸标注概述

使用AutoCAD标注的机械图样尺寸，其主要目的是注明图形结构的定位尺寸和定形尺寸，以及为机械图样添加各种文字注释和公差符号等。

机械图样尺寸标注一般由尺寸界线、尺寸线、标注文字、箭头符号及标注起点等要素组成，如图6-1所示。

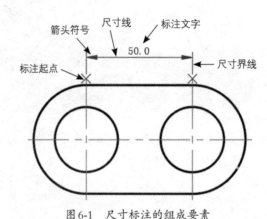

图6-1 尺寸标注的组成要素

6.1.2 新建机械图标注样式

根据中国国家标准《机械制图》中的相关规定，机械图样中的注释文字、箭头符号、线型样式等内容都有固定的标准。因此，在使用AutoCAD标注机械图样前通常需要新建一个符合机械制图行业的标注样式。

【标注样式】命令的执行方法主要有以下两种。

（1）菜单栏：【格式】→【标注样式】命令。

（2）命令行：DIMSTYLE或D。

步骤01 在执行【标注样式】命令后，系统将打开【标注样式管理器】对话框，如图6-2所示。

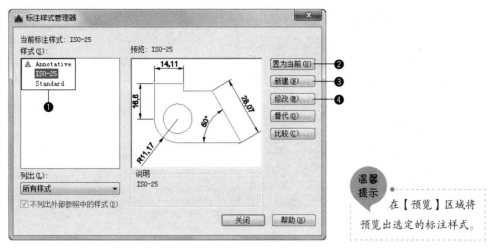

图6-2 【标注样式管理器】对话框

❶样式列表	用于显示当前图形文件中已创建的标注样式
❷置为当前	单击置为当前(C)按钮，可将选定的标注样式应用到当前图形文件中
❸新建	单击新建(N)...按钮，可新建一个尺寸标注样式
❹修改	单击修改(M)...按钮，可对选定的标注样式重定义

步骤02 单击 新建(N)... 按钮，系统弹出【创建新标注样式】对话框；在【新样式名】文本框中设置新标注样式的名称，在【基础样式】列表中选择Standard为新样式的参考样式，如图6-3所示；单击 继续 按钮，弹出【新建标注样式：GB】对话框。

图6-3 创建新标注样式

步骤03 单击【线】选项卡，在【尺寸线】区域中可设置尺寸线的颜色、线型、线宽、基线间距等参数；在【尺寸界线】区域中可设置尺寸界线的颜色、线型及超出尺寸线的尺寸、起点偏移量等参数，如图6-4所示。

步骤04 单击【符号和箭头】选项卡，选择【实心闭合】选项为第一个和第二个箭头符号的样式；选择【小点】选项为引线标注的箭头符号样式，如图6-5所示。

步骤05 单击【文字】选项卡，在【文字样式】选项列表中选择已定义的字体样式，如GB；使用系统默认的文字颜色和填充颜色，如图6-6所示。

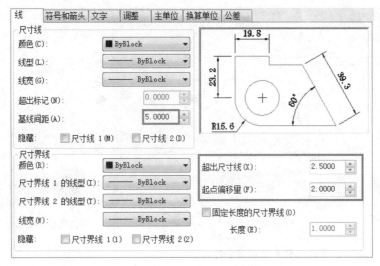

图6-4　设置尺寸标注线样式

图6-5　设置箭头符号样式

图6-6　设置标注文字样式

步骤06　单击【主单位】选项卡，在【线性标注】区域中可设置线性标注的单位格式和精度；在【角度标注】区域中设置单位格式为【十进制度数】，如图6-7所示。

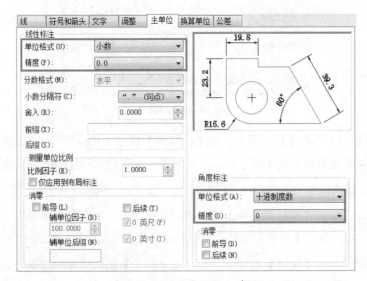

图6-7　设置尺寸标注主单位

步骤07 单击 确定 按钮，返回【标注样式管理器】对话框；在样式列表中选择创建的标注样式，再单击 置为当前(C) 按钮将标注样式应用至当前绘图文件中。

步骤08 单击 关闭 按钮，完成尺寸标注样式的创建并退出【标注样式管理器】对话框。

6.1.3 线性尺寸标注

线性尺寸标注用于标注图形结构的线性距离值、长度值，主要有水平尺寸标注、垂直尺寸标注、旋转尺寸标注几种常见的标注类型。

【线性标注】命令的执行方法主要有以下3种。

（1）菜单栏：【标注】→【线性】命令。

（2）命令行：DIMLINEAR 或 DLI。

（3）【注释】工具组：单击【线性】按钮▤。

打开光盘文件"素材与结果文件\第6章\素材文件\6-1.dwg"，如图6-8左图所示；使用【线性】命令将左图修改为右图。

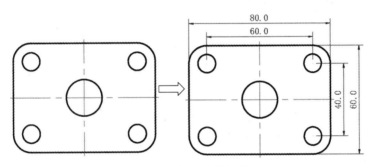

图6-8 线性尺寸的标注

步骤01 在【注释】工具组中单击【线性】按钮▤。

步骤02 选择图形左侧垂直直线的端点为第一个尺寸界线的原点，如图6-9所示；选择图形右侧垂直直线的端点为第二个尺寸界线的原点，如图6-10所示。

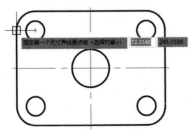

图6-9 选择第一个界线原点

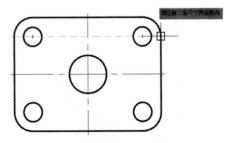

图6-10 选择第二个界线原点

步骤03 向正上方移动十字光标，再选择绘图区中任意一点为尺寸线的放置点，完成线性尺寸的标注。

在完成线性尺寸的标注后，系统将自动退出该命令。如要继续标注图形的线性尺寸，则需重复执行【线性】命令。

6.1.4 对齐尺寸标注

对齐尺寸标注是与尺寸界线原点连接直线呈平行状态的标注形式。

【对齐标注】命令的执行方法主要有以下3种。

（1）菜单栏：【标注】→【对齐】命令。

（2）命令行：DIMALIGNED 或 DAL。

（3）【注释】工具组：单击【对齐】按钮 ↘。

打开光盘文件"素材与结果文件\第6章\素材文件\6-2.dwg"，如图6-11左图所示；使用【对齐】命令将左图修改为右图。

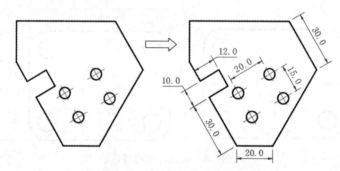

图 6-11　对齐尺寸的标注

步骤01　在【注释】工具组中单击【对齐】按钮 ↘。

步骤02　选择图形左侧倾斜直线的端点为第一个尺寸界线的原点，如图6-12所示；选择图形左侧倾斜直线的另一个端点为第二个尺寸界线的原点，如图6-13所示。

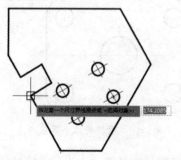

图 6-12　选择第一个界线原点

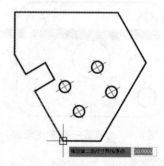

图 6-13　选择第二个界线原点

> **步骤 03**　向左移动十字光标，再选择绘图区中任意一点为尺寸线的放置点，完成对齐尺寸的标注，如图 6-14 所示。

> **步骤 04**　参考上述标注方法，完成其他对齐尺寸的标注操作，如图 6-15 所示。

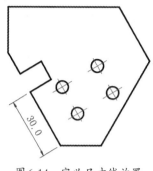

图 6-14　定义尺寸线放置

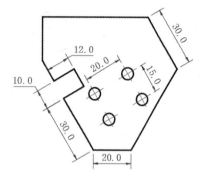

图 6-15　完成对齐尺寸的标注

6.1.5　角度尺寸标注

角度尺寸标注是在两个相交二维对象的夹角位置上创建的角度值注释标注。

【角度标注】命令的执行方法主要有以下 3 种。

（1）菜单栏：【标注】→【角度】命令。

（2）命令行：DIMANGULAR 或 DAN。

（3）【注释】工具组：单击【角度】按钮△。

打开光盘文件"素材与结果文件\第 6 章\素材文件\6-3.dwg"，如图 6-16 左图所示；使用【角度】命令将左图修改为右图。

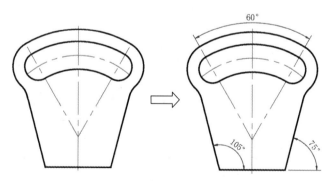

图 6-16　角度尺寸的标注

> **步骤 01**　在【注释】工具组中单击【角度】按钮△。

> **步骤 02**　选择左侧倾斜的中心直线为角度标注的第一个标注直线，选择右侧倾斜的中心直线为角度标注的第二个标注直线。

> **步骤 03**　向相交的中心直线之间移动十字光标，再选择任意一点为尺寸线的放置

点，完成角度尺寸的标注，如图6-17所示。

步骤04 参考上述角度尺寸标注的方法，完成其他角度尺寸的标注。

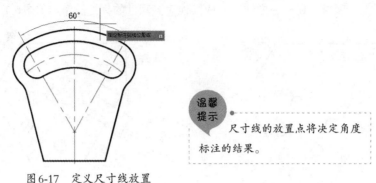

温馨提示

尺寸线的放置点将决定角度标注的结果。

图6-17 定义尺寸线放置

6.1.6 半径/直径尺寸标注

半径/直径尺寸一般用于标注圆弧类图形的大小，其主要由一条指向圆弧图形的箭头尺寸线和尺寸文字所组成。

【半径】命令的执行方法主要有以下3种。

（1）菜单栏：【标注】→【半径】命令。

（2）命令行：DIMRADIUS或DRA。

（3）【注释】工具组：单击【半径】按钮 。

【直径】命令的执行方法主要有如下3种。

（1）菜单栏：【标注】→【直径】命令。

（2）命令行：DIMDIAMETER或DDI。

（3）【注释】工具组：单击【直径】按钮 。

打开光盘文件"素材与结果文件\第6章\素材文件\6-4.dwg"，如图6-18左图所示；使用【半径】、【直径】命令将左图修改为右图。

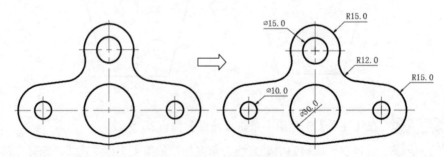

图6-18 半径/直径尺寸的标注

步骤01 在【注释】工具组中单击【半径】按钮 。

步骤02 选择图形上的圆弧为标注对象，移动十字光标，选择任意一点为半径尺寸的放置点，完成半径尺寸的标注，如图6-19所示。

步骤03 在【注释】工具组中单击【直径】按钮◎。

步骤04 选择图形上的圆形为标注对象，移动十字光标，选择任意一点为直径尺寸的放置点，完成直径尺寸的标注，如图6-20所示。

步骤05 参考上述半径/直径尺寸的标注方法，完成其他半径/直径尺寸的标注。

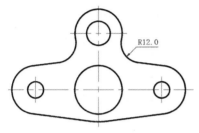 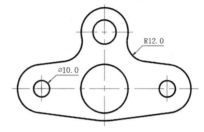

图6-19 标注半径尺寸　　　　　　　　　　　　图6-20 标注直径尺寸

6.1.7 坐标标注

坐标标注是以坐标系原点为参考对象，它主要由 x 轴、y 轴坐标以及引线所组成。

【坐标】命令的执行方法主要有以下3种。

（1）菜单栏：【标注】→【坐标】命令。

（2）命令行：DIMORDINATE 或 DOR。

（3）【注释】工具组：单击【坐标】按钮。

打开光盘文件"素材与结果文件\第6章\素材文件\6-5.dwg"，如图6-21左图所示；使用【坐标】命令将左图修改为右图。

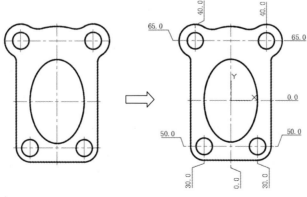

图6-21 坐标标注

步骤01 将绘图区中坐标系移动至图形的中心位置，如图6-22所示。

步骤02 在【注释】工具组中单击【坐标】按钮。

步骤03 选择水平中心线的右端点为标注起点，向右移动十字光标并选择任意一点作为尺寸线的放置点，完成 *x* 轴坐标的标注。

步骤04 选择垂直中心线的下端点为标注起点，向下移动十字光标并选择任意一点作为尺寸线的放置点，完成 *y* 轴坐标的标注，如图6-23所示。

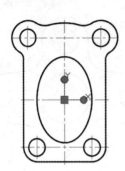

图6-22 定义参考坐标系

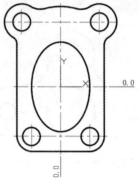

图6-23 标注原点坐标

步骤05 标注圆形坐标尺寸。参考上述坐标标注的方法，完成其他圆形坐标尺寸的标注，如图6-24所示。

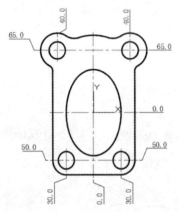

图6-24 标注坐标尺寸

温馨提示 在标注图形 *xy* 坐标值前，应先重定义工作坐标系的位置。一般选择图形的基准线交点为坐标系原点。

6.1.8 形位公差标注

由于机械加工存在一定的差异，不可能制造出尺寸完全精确的零件。因此，在绘制机械零件图样时一般都需要对重要的工艺位置标注出形位公差。

【公差】命令的执行方法主要有如下两种。

（1）菜单栏：【标注】→【公差】命令。

（2）命令行：TOLERANCE 或 TOL。

步骤01　执行【公差】命令，系统将打开【形位公差】对话框，如图6-25所示。

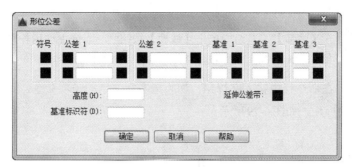

图6-25　【形位公差】对话框

步骤02　单击【符号】列中的■按钮，打开【特征符号】对话框，如图6-26所示；选择任意一种公差符号，如同心度符号◎。

步骤03　在【公差1】文本框中输入公差值0.01，在【基准1】文本框中输入大小字母A。

步骤04　单击■确定■按钮完成公差设置，选择绘图区中任意一点为形位公差的放置点，完成形位公差的创建，如图6-27所示。

图6-26　【特征符号】对话框

图6-27　完成形位公差标注

📚 课堂范例——标注主动齿轮轴零件图

下面使用【线性】、【半径】尺寸标注命令来完成主动齿轮轴零件图的标注，如图6-28所示。

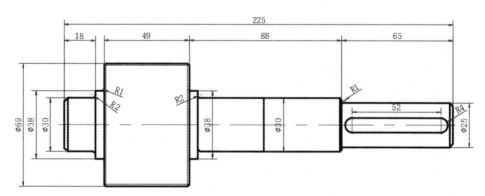

图6-28　标注主动齿轮轴零件图

步骤01 打开光盘文件"素材与结果文件\第6章\课堂范例\标注主动齿轮轴零件图.dwg"。

步骤02 在【注释】工具组中单击【线性】按钮，选择主动齿轮轴零件图左侧垂直直线的两个端点为标注起点，向左移动十字光标，预览尺寸标注。

步骤03 在命令行中输入字母M，切换至多行文字的子项命令，再输入直径符号完成直径尺寸的标注，如图6-29所示。

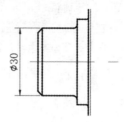

图6-29 标注线性直径尺寸

步骤04 使用上述标注方法，完成轴零件所有直径尺寸的标注，如图6-30所示。

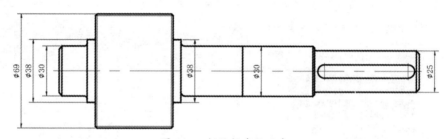

图6-30 标注轴直径尺寸

步骤05 在【注释】工具组中单击【线性】按钮，选择主动齿轮轴零件图上水平直线的两个端点为标注起点，完成齿轮轴长度尺寸的标注，如图6-31所示。

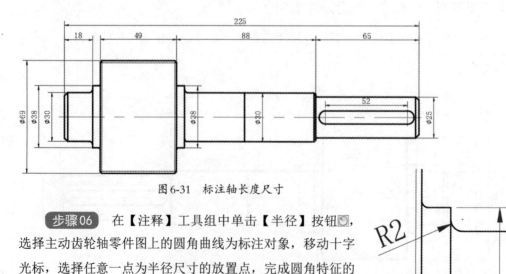

图6-31 标注轴长度尺寸

步骤06 在【注释】工具组中单击【半径】按钮，选择主动齿轮轴零件图上的圆角曲线为标注对象，移动十字光标，选择任意一点为半径尺寸的放置点，完成圆角特征的半径尺寸标注，如图6-32所示。

图6-32 标注圆弧半径

6.2 编辑尺寸标注

本节将介绍常用的尺寸标注编辑方法，主要分为如下3种基本编辑思路。

- 使用移动尺寸线夹点的方式来重定义尺寸标注的位置。
- 使用【特性】对话框对指定的尺寸进行编辑修改。
- 使用【标注样式管理器】批量修改尺寸标注样式。

6.2.1 添加几何公差

使用【特性】对话框中的【公差】设置选项，可快速对已标注的尺寸添加几何公差值。其基本步骤如下。

步骤01 选择图形上已标注的尺寸。

步骤02 按下【Ctrl+1】组合键，打开【特性】对话框。

步骤03 展开【公差】设置项，选择显示公差类型为【极限偏差】，再分别设置上下偏移值；在【公差文字高度】文本框中设置公差文字的高度比例因子为0.5，如图6-33所示。

步骤04 关闭【特性】对话框，完成尺寸几何公差的添加。

图6-33 设置尺寸几何公差

6.2.2 移动尺寸文字位置

移动尺寸文字的位置主要有如下几种方式。

- 拖动尺寸文字的夹点可快速编辑文字的位置。
- 执行【对齐文字】命令，可修改指定尺寸标注文字的固定位置，其命令菜单如图6-34所示。

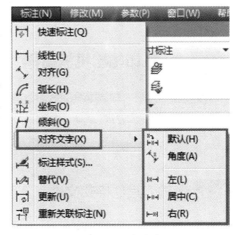

图6-34 文字对齐

6.2.3 移动夹点编辑尺寸

当移动尺寸界线的夹点框后，系统将更新尺寸标注的测量结果并重新显示出尺寸标注，如图6-35所示。

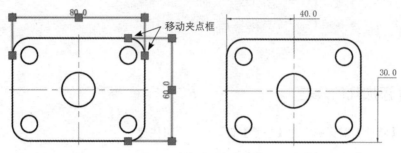

图6-35　移动尺寸线夹点

6.2.4 添加特殊符号

机械图样的标注中常会使用各种特殊符号，如直径符号、正负符号、度数符号等。这些特殊符号的添加方式主要有如下两种。

- 激活尺寸标注子项命令添加特殊符号。在指定尺寸线放置点前，通过激活【多行文字】或【文字】子项命令，可在标注文字的文本框中添加各种符号。
- 双击尺寸标注激活文字文本框，再添加特殊符号。

技能拓展

在尺寸文本中添加特殊符号的方法与在注释文字中添加特殊符号的方法相同，都需要先激活文本框，再输入特殊符号的代码来完成特殊符号的添加。

6.3 打印输出机械图样

完成机械图样的绘制后，为方便技术交流，通常需要将其打印为物理图纸或输出为其他文件格式。本节将介绍输入、输出图形文件以及快速打印机械图样的基本方法。

6.3.1 输入其他格式文件

AutoCAD可打开由其他软件生成的一些具有图形信息的文件，再通过信息转换将其保存为AutoCAD图形文件。

步骤01　新建图形文件。

步骤02　执行下拉菜单【文件】→【输入】命令，打开【输入文件】对话框，如图6-36所示。

图6-36　【输入文件】对话框

步骤03　在【文件类型】中指定要输入的文件类型，再选择文件列表中的图形文件并单击 打开⑩ 按钮，完成图形文件的输入。

6.3.2　输出其他格式文件

使用AutoCAD设计系统，可将已打开的图形文件保存为其他图形信息格式的文件，如DXF文件、JPEG图形文件、PDF电子文件等。

步骤01　执行【另存为】命令，打开【图形另存为】对话框。

步骤02　在【文件类型】列表中选择需要的图形文件保存类型。

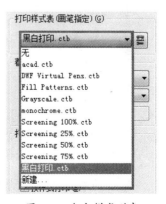

步骤03　在【文件名】文本框中输入文件名称，再单击 打开⑩ 按钮完成图形文件的输出转换。

6.3.3　定义机械图打印样式

在执行【打印】命令后，可在【打印样式表】区域中选择系统提供的打印样式，如图6-37所示。另外，通过选择列表中的【新建】命令选项，还可自定义用户专用打印样式。

图6-37　打印样式列表

温馨提示

选择黑白打印.ctb样式时，系统将把所有的显示颜色修改为黑色。

技能拓展

机械图样的打印一般都采用"黑白"两色来打印图纸，如列表中没有"黑白打印"样式，用户可对其他打印样式进行颜色修改，以符合机械图样打印要求。

6.3.4 定义打印颜色

绘制机械图样常会使用各自颜色的图层来表达不同的图形结构，而系统在打印图样过程中会默认使用该图形的显示颜色为打印颜色。如用户采用的是非彩色打印机，很多具有颜色区分的图形结构将不能正确地打印到图纸上。因此，在打印机械图样前通常需要检查或修改图形的默认打印颜色。

在【打印样式表】区域中单击【样式编辑】按钮，系统将打开【打印样式表编辑器】对话框，再单击【表格视图】选项卡切换至颜色设置面板，如图6-38所示。

步骤01 在左侧的打印样式颜色列表中选择需要修改的打印颜色选项。

步骤02 在右侧的【颜色】列表中可重新定义打印颜色，如图6-39所示。

图6-38 【打印样式表编辑器】对话框

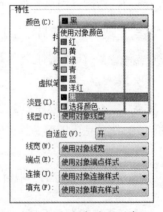

图6-39 颜色选项列表

步骤03 单击对话框中的 保存并关闭 按钮，完成打印颜色的重定义。

6.3.5 定义图纸幅面和打印区域

在打印输出机械图样前，通常需要对图纸幅面及打印区域进行相应的参数设置，使其符合图纸尺寸的容纳范围，从而控制图形的打印输出效果。

在【图纸尺寸】区域中可展开图纸尺寸列表，选择系统提供的标准图纸幅面样式，如图6-40所示。

在【打印范围】列表中，用户可自定义当前图形文件的打印范围。一般有窗口、范围、图形界限及显示4个选项，如图6-41所示。

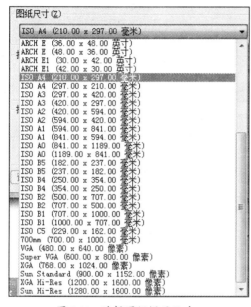

图 6-40 选择图纸幅面尺寸　　　　图 6-41 选择打印范围

技能拓展

一幅完整的机械图样通常会带有标准样式的图框，因此一般打印机械图样时都采用"窗口"方式来定义打印范围。

6.3.6 预览打印效果

在完成打印参数的定义后，单击【打印-模型】对话框左下角的 按钮，系统将切换至预览窗口。

在预览窗口单击鼠标右键将弹出快捷菜单，在该菜单中可选择【退出】、【打印】、【平移】、【缩放】等命令选项。

课堂范例——打印主动齿轮轴零件图

在【打印-模型】对话框中设置打印样式、打印颜色、图纸幅面及打印范围，最后预览主动齿轮轴零件图的打印结果，如图6-42所示。

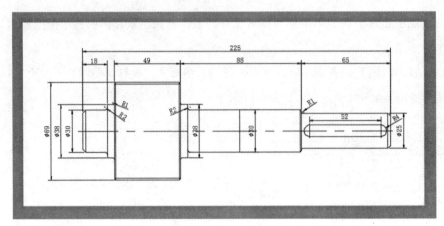

图6-42 预览主动齿轮轴零件图打印结果

步骤01 使用快捷键【Ctrl+P】，打开【打印-模型】对话框。

步骤02 设置如图6-43所示的打印参数，再框选主动齿轮轴零件图的打印范围。

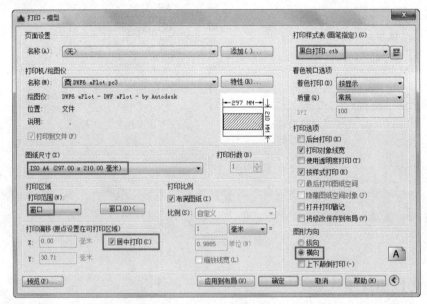

图6-43 设置打印参数

步骤03 单击 预览(P).... 按钮进入打印预览窗口。

课堂问答

本章通过对机械图样尺寸标注与图样打印输出的讲解，介绍了常用的尺寸标注技巧和图样打印参数的设置方法。下面将列出一些常见的问题供读者学习参考。

问题❶：尺寸标注有哪些组成部分？

答：尺寸标注通常由尺寸线、尺寸界线、标注起点以及标注文字所组成。

问题❷：机械制图尺寸标注有哪些基本命令？

答：标注机械图样最常用的命令有【线性】、【角度】、【半径】和【直径】等命令，而【坐标】命令通常用于孔特征的定位标注。

问题❸：设置打印颜色时需要注意什么？

答：系统一般会默认使用图层中设置的颜色为当前图形的打印颜色。因此，在设置打印颜色时要注意是否需要彩色打印机械图样。如需黑白打印机械图样时，则需要重定义当前的打印颜色。

📷 上机实战——输出 BMP 文件格式的模板孔工程视图

为巩固本章所学内容，下面以模板孔工程图为例综合演示本章所阐述的图形文件输出技巧。

模板孔工程视图的效果展示如图6-44所示。

效果展示

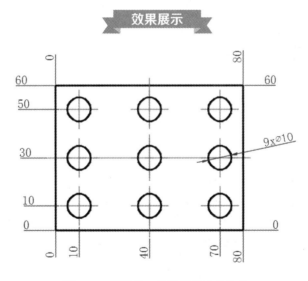

图6-44 模板孔工程视图的效果展示

思路分析

在本例中将使用【输出】命令来完成图形对象的格式转换，其主要有以下几个基本步骤。

- 绘制模板孔视图并标注坐标尺寸。
- 执行【输出】命令，选择文件输出类型。

- 选择输出的图形对象。

制作步骤

步骤01 绘制模板孔二维结构图形。

步骤02 执行【坐标】命令，标注出圆形的坐标定位尺寸。

步骤03 执行下拉菜单【文件】→【输出】命令，系统将打开【输出数据】对话框，如图6-45所示。

步骤04 在【文件类型】列表中选择文件输出类型为【位图（*.bmp）】，再单击 保存(S) 按钮完成输出文件类型的指定。

步骤05 使用窗口选取方式，选择模板孔的图形及标注尺寸为输出对象；按下空格键完成文件的输出操作。

图6-45 指定文件输出类型

同步训练——输出 IGES 文件格式的冲模板工程视图

输出 IGES 文件格式的冲模板工程视图的图解流程如图6-46所示。

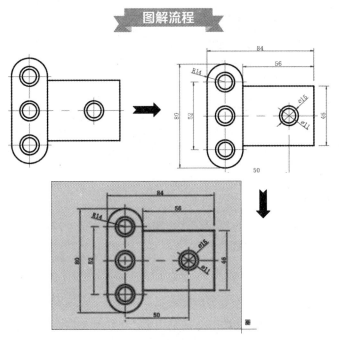

图6-46　输出IGES文件格式的冲模板工程视图的图解流程

思路分析

在本例中采用【输出】命令将AutoCAD文件格式的冲模板视图转换为公用图形文件格式（IGES格式）。其主要演示了图形转换的基本思路与操作方法。

关键步骤

步骤01　绘制冲模板工程视图并标注线性尺寸、半径/直径尺寸，如图6-47所示。

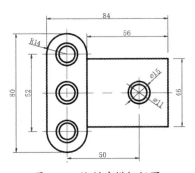

图6-47　绘制冲模板视图

步骤02　执行下拉菜单【文件】→【输出】命令，打开【输出数据】对话框。

步骤03　选择输出文件类型为IGES，再选取冲模板的二维结构视图为转换对象。

步骤04　按下空格键确定，系统将执行图形数据的输出操作并弹出【输出‐正在处理后台作业】对话框，如图6-48所示。

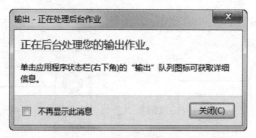

图 6-48　输出信息提示

知识与能力测试

本章讲解了使用 AutoCAD 的尺寸标注与图样打印方法，为对知识进行巩固和考核，布置相应的练习题。

一、填空题

1. 在命令行输入字母 D 并按下空格键确定，可打开_____对话框。

2. 在命令行输入字母 DLI 并按下空格键确定，可执行_____标注命令。

3. 圆弧类图形的定形尺寸主要由_____和_____两个命令来完成标注。

4. 坐标尺寸标注将以_____为参考对象进行图形定位。

二、选择题

1. 下列哪个命令可标注出图形在 x 轴和 y 轴上的定位尺寸？（　　　）

　　A.【坐标】　　　　　B.【线性】　　　　　C.【角度】　　　　　D.【对齐】

2. 下面哪个命令可创建的尺寸标注，其尺寸线将与标注起点连接直线平行？（　　　）

　　A.【对齐】　　　　　B.【线性】　　　　　C.【角度】　　　　　D.【坐标】

3. 下面哪个命令可标注出机械零件的同心度、平行度、垂直度等形位公差？（　　　）

　　A.【线性】　　　　　B.【对齐】　　　　　C.【公差】　　　　　D.【坐标】

4. 下面哪个组合键命令能执行图形打印命令？（　　　）

　　A.【Ctrl+P】　　　　B.【Ctrl+1】　　　　C.【Ctrl+2】　　　　D.【Ctrl+N】

三、简答题

1. 新建机械图标注样式有哪些内容？

2. 坐标标注的基本原理是什么？

3. 设置黑白打印机械图样有哪几种方式？

AutoCAD
2016

第7章
绘制机械零件模型

本章讲解AutoCAD 2016实体建模工具的应用，主要内容包括坐标系的创建、基本实体的创建、一般实体的创建及实体的布尔运算。

在使用AutoCAD创建实体模型的过程中，还需用到二维图形结构的绘制与编辑技巧，其中需要重点掌握的是二维图形结构在空间平面上的放置方法。

学习目标

- 掌握三维建模中坐标系的应用
- 了解基本三维实体的创建方法
- 掌握拉伸、旋转、扫掠、放样实体的创建方法
- 掌握布尔运算的方法

AutoCAD 实体建模基础

使用AutoCAD绘制实体模型，首先需要掌握坐标系在三维造型中的运用方法，其次需要掌握基本的实体造型命令与操作技巧，最后还需掌握布尔运算，从而完成实体的最终造型。

7.1.1 实体建模概述

任何结构复杂的实体模型都是由各种简单的实体结构所组成，使用AutoCAD的三维实体命令进行三维模型的创建不仅能快速完整地描述出实体对象的几何信息，且能对所有的点、线、面对象进行编辑操作。

使用AutoCAD实体命令创建三维机械模型，一般采用实体叠加或减除的方式来完成模型零件的结构造型，如图7-1所示。

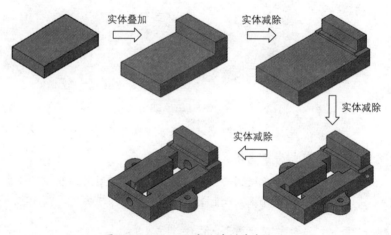

图7-1　AutoCAD实体建模基本方法

7.1.2 AutoCAD 三维建模工具

使用AutoCAD绘制三维机械模型前，通常需要切换至【三维基础】或【三维建模】工作空间才能使用三维造型命令。当进入【三维建模】工作空间后，系统将在功能选项卡中提供实体创建、实体编辑、二维绘图与编辑等工具组，如图7-2所示。

另外，在【草图和注释】工作空间中直接添加【三维工具】功能选项卡，系统将在此工作空间中添加最基本的实体建模命令、实体编辑命令、曲面造型命令以及网格转换工具，如图7-3所示。如无特殊说明，本章将使用【草图和注释】工作空间中添加【三维工具】选项卡的方式来完成各种实体的创建。

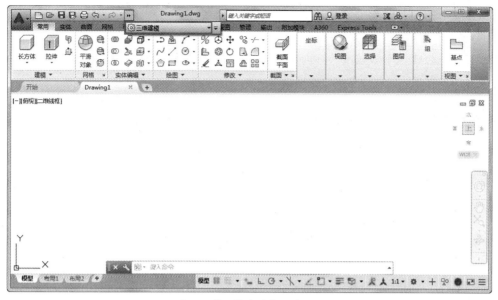

图7-2 【三维建模】工作界面

图7-3 【三维工具】命令区域

7.1.3 使用坐标系定义工作平面

使用AutoCAD绘制的二维结构图形都将被放置在坐标系的xy平面内，而实际的造型过程中常需要将二维截面图形以不同的角度放置在指定的平面内。因此，在实体造型过程中就需要调整坐标系的方位，从而改变二维结构图形在空间中的放置方位。

拖动AutoCAD系统默认的坐标系至三维实体平面，可快速将xy平面与实体平面进行重合放置，此后再绘制的二维结构都将放置在该实体平面上，如图7-4所示。

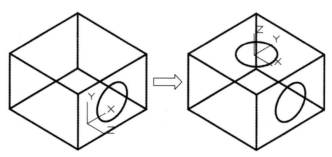

图7-4 通过坐标系定义工作平面

7.1.4 创建坐标系

在AutoCAD设计系统中，可执行菜单栏【工具】→【新建UCS】命令，再在展开的子菜单中选择相应的坐标系创建命令来重定义当前坐标系的空间位置，如图7-5所示。

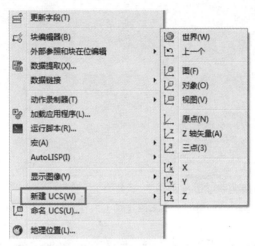

图7-5　新建坐标系命令菜单

7.2 机械零件模型的创建

使用AutoCAD绘制机械零件模型，将运用系统提供的一系列基本实体创建命令，如长方体、圆柱体、楔体等。另外，也可通过将二维封闭曲线进行扫掠操作，创建出拉伸实体、旋转实体等模型结构。

7.2.1 基本三维实体的创建

使用基本的三维实体命令可快速创建出指定尺寸的长方体、圆柱体、圆锥体、球体、楔体、圆环体。下面讲解几种最基本的三维实体对象的创建方法。

1．长方体的创建

使用AutoCAD的【长方体】命令来创建三维实体，其基本思路是通过定义出长方体的长、宽、高尺寸来完成实体的定位与定形。

【长方体】命令的执行方法主要有如下3种。

（1）菜单栏:【绘图】→【建模】→【长方体】命令。

（2）命令行：BOX。

（3）【建模】工具组：单击【长方体】按钮▢。

打开光盘文件"素材与结果文件\第7章\素材文件\7-1.dwg",如图7-6左图所示；使用【长方体】命令将左图修改为右图。

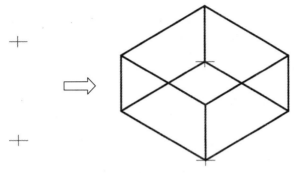

图7-6 创建长方体

步骤01 在【建模】工具组中单击【长方体】按钮▢。

步骤02 分别选择两个特征点作为长方体的底面矩形角点，如图7-7所示。

步骤03 移动十字光标指定长方体高度延伸方向，在命令行中输入高度值130，按下空格键完成长方体的创建，如图7-8所示。

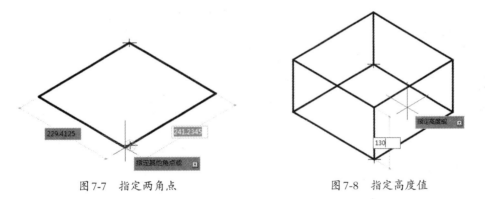

图7-7 指定两角点　　　　　　　　图7-8 指定高度值

2. 圆柱体的创建

使用AutoCAD的【圆柱体】命令来创建三维实体，其基本思路是通过定义出圆柱体底面圆形大小以及圆柱体高度值的方式来完成实体的定位与定形。

【圆柱体】命令的执行方法主要有以下3种。

（1）菜单栏：【绘图】→【建模】→【圆柱体】命令。

（2）命令行：CYLINDER或CYL。

（3）【建模】工具组：单击【圆柱体】按钮▢。

打开光盘文件"素材与结果文件\第7章\素材文件\7-2.dwg"，如图7-9左图所示；使用【圆柱体】命令将左图修改为右图。

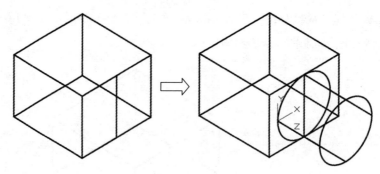

图7-9　创建圆柱体

步骤01　将绘图区中的工作坐标系拖动至长方体的右侧面，如图7-10所示。

步骤02　在【建模】工具组中单击【圆柱体】按钮▣。

步骤03　捕捉垂直直线的中点为底面圆形的圆心，移动十字光标，捕捉垂直直线的端点为底面圆形上的通过点，完成底面圆形半径的定义，如图7-11所示。

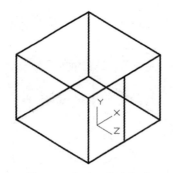

图7-10　定义工作坐标系

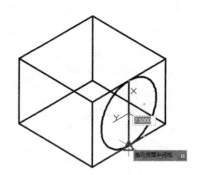

图7-11　定义底面圆形

步骤04　在完成底面圆形的定义后，移动十字光标可指定圆柱体的延伸方向；在命令行中输入高度值12，按下空格键完成圆柱体的创建，如图7-12所示。

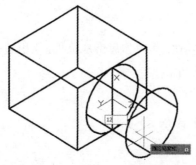

图7-12　指定圆柱体高度值

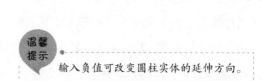

温馨提示　输入负值可改变圆柱实体的延伸方向。

3．棱锥体的创建

棱锥体是一个底面为矩形的锥形实体对象，其基本创建思路是通过定义出棱锥体底面矩形大小与实体高度值的方式来完成实体的定位与定形。

【棱锥体】命令的执行方法主要有以下3种。

（1）菜单栏：【绘图】→【建模】→【棱锥体】命令。

（2）命令行：PYRAMID 或 PYR。

（3）【建模】工具组：单击【棱锥体】按钮 ◇。

打开光盘文件"素材与结果文件\第7章\素材文件\7-3.dwg"，如图7-13左图所示；使用【棱锥体】命令将左图修改为右图。

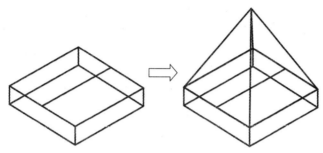

图7-13　创建棱锥体

> **步骤01**　在【建模】工具组中单击【棱锥体】按钮 ◇。

> **步骤02**　捕捉长方体表平面上的直线中点为棱锥体底面矩形的中心点。

> **步骤03**　移动十字光标，捕捉直线的端点为棱锥体底面矩形的通过点，完成棱锥体底面矩形的定义，如图7-14所示。

> **步骤04**　向上移动十字光标，在命令行中输入高度值35，按下空格键完成棱锥体的创建，如图7-15所示。

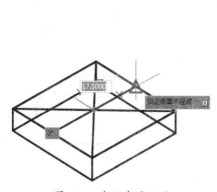

图7-14　定义底面矩形

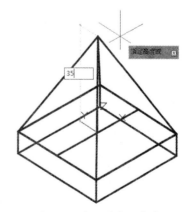

图7-15　定义棱锥体高度

7.2.2　拉伸实体

使用【拉伸】命令可将二维或三维曲线通过距离的延伸操作，创建出三维实体或曲面对象。

【拉伸】命令的执行方法主要有以下3种。

（1）菜单栏：【绘图】→【建模】→【拉伸】命令。

（2）命令行：EXTRUDE 或 EXT。

（3）【建模】工具组：单击【拉伸】按钮▣。

打开光盘文件"素材与结果文件\第7章\素材文件\7-4.dwg"，如图7-16左图所示；使用【拉伸】命令将左图修改为右图。

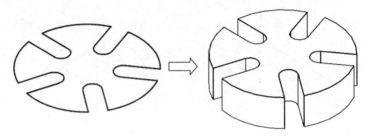

图7-16　创建拉伸实体

步骤01　执行【合并】命令，将所有相连的圆弧曲线进行合并操作，如图7-17所示。

步骤02　在【建模】工具组中单击【拉伸】按钮▣。

步骤03　选择合并的二维曲线并按下空格键确定，完成拉伸对象的定义。

步骤04　向上移动十字光标指定拉伸方向，在命令行中输入拉伸实体高度值15，如图7-18所示；按下空格键完成拉伸实体的创建。

图7-17　合并圆弧曲线

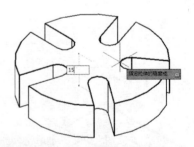

图7-18　定义实体拉伸高度

技能拓展

在创建拉伸实体的过程中，通常需要等轴测视角，如西南等轴测、东南等轴测、东北等轴测和西北等轴测。

在执行【拉伸】命令过程中，部分子选项含义如下。

● 模式（MO）：执行【拉伸】命令后，在命令行中输入字母MO，再按下空格键确定，系统将弹出【闭合轮廓创建模式】选项菜单。用户可选取【实体】和【曲

面】两种创建模式，如图7-19所示。选择【实体】模式时，系统将创建几何拉伸
实体对象；当选择【曲面】模式时，系统将创建几何拉伸曲面对象。

图7-19 选择创建模式

温馨
提示

系统默认的【拉伸】创建模式一般为实体
模式，用户可在【闭合轮廓创建模式】列表中重
定义创建模式。

- 方向（D）：选择拉伸轮廓曲线后，在命令行中输入字母D，再按下空格键确定，
系统将使用指定拉伸方向的方式来创建拉伸实体，如图7-20所示。

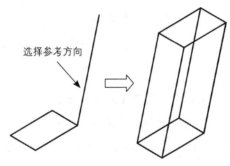

选择参考方向

图7-20 方向拉伸实体

- 倾斜角（T）：选择拉伸截面曲线后，在命令行中输入字母T，再按下空格键确
定，可通过指定倾斜角度的方式创建出具有拔模角的拉伸实体，如图7-21所示。

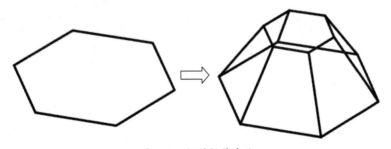

图7-21 倾斜拉伸实体

7.2.3 旋转实体

使用【旋转】命令可将二维或三维曲线按照指定的轴线进行角度旋转，从而创建出
三维实体或曲面对象。

【旋转】命令的执行方法主要有以下3种。

（1）菜单栏：【绘图】→【建模】→【旋转】命令。

（2）命令行：REVOLVE或REV。

（3）【建模】工具组：单击【旋转】按钮⬚。

打开光盘文件，"素材与结果文件\第7章\素材文件\7-5.dwg"，如图7-22左图所示；使用【旋转】命令将左图修改为右图。

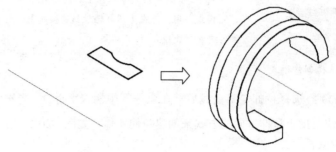

图7-22　创建旋转实体

步骤01　执行【合并】命令，将互相连接的圆弧曲线与直线段进行合并操作，如图7-23所示。

步骤02　在【建模】工具组中单击【旋转】按钮⬚。

步骤03　选择合并的封闭轮廓曲线并按下空格键确定，完成旋转对象的定义；分别选择左侧直线的两个端点，完成旋转轴线的定义。

步骤04　移动十字光标指定旋转方向，在命令行中输入旋转角度值270，如图7-24所示；按下空格键完成旋转实体的创建。

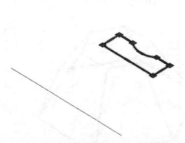

图7-23　合并圆弧与直线段

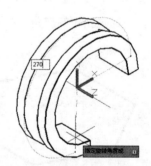

图7-24　指定实体旋转角度

7.2.4　扫掠实体

使用【扫掠】命令可将二维或三维曲线沿指定的路径进行扫掠操作，从而创建出实体或曲面对象。

【扫掠】命令的执行方法主要有以下3种。

（1）菜单栏：【绘图】→【建模】→【扫掠】命令。

（2）命令行：SWEEP或SWE。

（3）【建模】工具组：单击【扫掠】按钮⬚。

打开光盘文件"素材与结果文件\第7章\素材文件\7-6.dwg",如图7-25左图所示；使用【扫掠】命令将左图修改为右图。

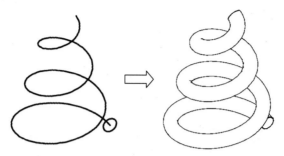

图7-25 创建扫掠实体

步骤01 在【建模】工具组中单击【扫掠】按钮🖼。

步骤02 选择螺旋线下方的圆形，再按卜空格键完成扫掠截面曲线的定义。

步骤03 选择螺旋线为扫掠实体的路径曲线，完成扫掠实体的创建。

在执行【扫掠】命令过程中，部分子选项含义如下。

● 对齐（A）：选择扫掠路径前，在命令行中输入字母A，再按下空格键确定，可将截面曲线与路径曲线的切线进行法向对齐操作。

● 扭曲（T）：选择扫掠路径前，在命令行中输入字母T，再按下空格键确定，可对截面曲线进行角度旋转操作，从而创建出具有扭曲角度的扫掠实体，如图7-26所示。

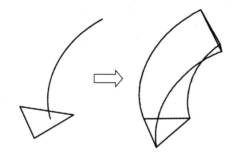

图7-26 扭曲扫掠实体

7.2.5 放样实体

使用【放样】命令可在多个空间平行的二维截面曲线之间创建出三维实体或曲面对象。

【放样】命令的执行方法主要有以下3种。

（1）菜单栏:【绘图】→【建模】→【放样】命令。

（2）命令行：LOFT。

（3）【建模】工具组：单击【放样】按钮🖼。

打开光盘文件"素材与结果文件\第7章\素材文件\7-7.dwg",如图7-27左图所示；使用【放样】命令将左图修改为右图。

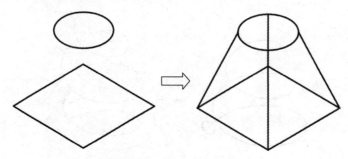

图7-27　创建放样实体

步骤01　在【建模】工具组中单击【放样】按钮。

步骤02　选择下方的矩形为放样实体的第一个横截面曲线，选择上方的圆形为放样实体的第二个横截面曲线，系统将预览出放样实体。

步骤03　按下空格键完成放样截面曲线的选择，系统将弹出【输入选项】菜单；使用系统默认的【仅横截面】选项，如图7-28所示；按下空格键完成放样实体的创建。

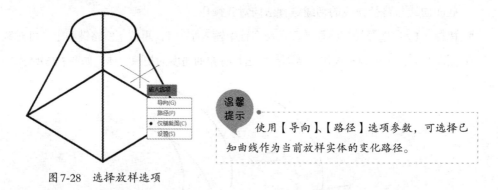

输入选项
导向(G)
路径(P)
● 仅横截面(C)
设置(S)

温馨提示　使用【导向】、【路径】选项参数，可选择已知曲线作为当前放样实体的变化路径。

图7-28　选择放样选项

课堂范例——绘制管座腔体模型

使用【拉伸】、【扫掠】等三维实体造型命令创建出管座腔体模型，如图7-29所示。

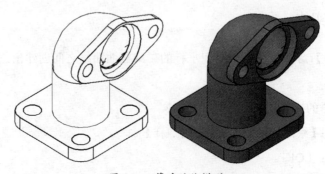

图7-29　管座腔体模型

步骤 01 使用光盘文件"素材与结果文件"文件夹中的GB标准样板文件,新建图形文件。

步骤 02 在【图层】工具栏中,选择【轮廓线】图层。

步骤 03 在俯视视角下绘制圆角矩形与圆形,如图7-30所示;在左视视角下绘制长度为45的垂直直线与半径为40的圆弧曲线,再执行【合并】命令将直线与圆弧进行合并操作,如图7-31所示。

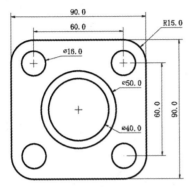

图7-30 绘制圆角矩形与圆形

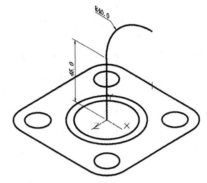

图7-31 绘制直线与圆弧

步骤 04 将坐标系原点移动至圆弧端点处,在前视视角下绘制圆形、相切圆弧与直线段,再执行【合并】命令将直线与相切圆弧进行合并操作,如图7-32所示。

步骤 05 在【建模】工具组中单击【拉伸】按钮,选择下方4个圆形为拉伸实体的截面曲线,指定拉伸距离为30,完成拉伸实体的创建,如图7-33所示。

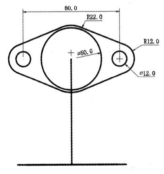

图7-32 绘制圆形、圆弧与直线

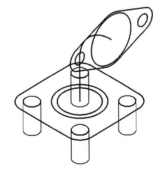

图7-33 创建拉伸实体

步骤 06 在【建模】工具组中单击【拉伸】按钮,将圆角矩形为拉伸实体的截面曲线,指定拉伸距离为12,完成拉伸实体的创建,如图7-34所示。

步骤 07 在【实体编辑】工具组中单击【差集】按钮,分别选择圆角矩形实体和4个圆柱拉伸实体为差集运算对象,求差结果如图7-35所示。

步骤 08 在【建模】工具组中单击【扫掠】按钮,选择两同心圆形为扫掠实体的横截面曲线,选择合并的直线与圆弧曲线为扫掠路径曲线,完成扫掠实体的创建,如图7-36所示。

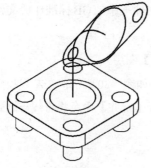

图 7-34 创建底座拉伸实体

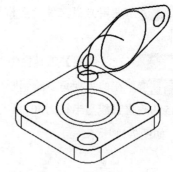

图 7-35 实体差集运算

步骤09 在【实体编辑】工具组中单击【差集】按钮◙，分别选择两个扫掠实体为差集运算对象，创建出三维管道腔体。

步骤10 在【建模】工具组中单击【拉伸】按钮◙，选择3个圆形为拉伸实体的截面曲线，指定拉伸距离为20，完成拉伸实体的创建，如图7-37所示。

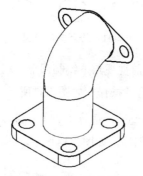

图 7-36 创建扫掠管腔实体

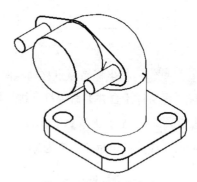

图 7-37 创建拉伸实体

步骤11 在【建模】工具组中单击【拉伸】按钮◙，选择合并的直线与圆弧曲线为拉伸实体的截面曲线，指定拉伸距离为8，完成拉伸实体的创建，如图7-38所示。

步骤12 在【实体编辑】工具组中单击【差集】按钮◙，分别选择4个相交的拉伸实体为差集运算对象，求差结果如图7-39所示。

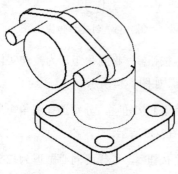

图 7-38 创建拉伸实体

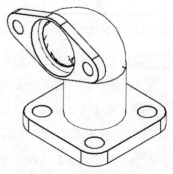

图 7-39 实体差集运算

步骤13 在【实体编辑】工具组中单击【并集】按钮▣，选择所有相接的实体为并集运算对象，完成实体的合并操作。

7.3 布尔运算

使用AutoCAD创建的三维实体模型均为独立的几何实体，为创建完整的零件模型，通常需要将多个相交的实体进行求和、求差以及求交的运算操作。AutoCAD的布尔运算主要有并集运算、差集运算、交集运算，本节将介绍这些布尔运算的用法。

7.3.1 并集运算

并集运算是将多个相交的三维实体或二维面域对象进行合并操作，从而转换为一个独立的几何实体或面对象。

【并集】命令的执行方法主要有以下3种。

（1）菜单栏:【修改】→【实体编辑】→【并集】命令。

（2）命令行：UNION或UNI。

（3）【实体编辑】工具组：单击【并集】按钮▣。

打开光盘文件"素材与结果文件\第7章\素材文件\7-8.dwg"，如图7-40左图所示；使用【并集】命令将左图修改为右图。

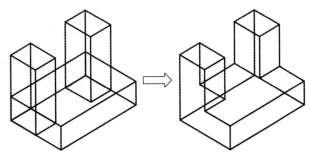

图7-40 实体的并集运算

步骤01 在【实体编辑】工作组中单击【并集】按钮▣。

步骤02 分别选择3个相交的长方体为并集运算的对象，再按下空格键完成实体的合并操作。

7.3.2 差集运算

差集运算是将多个相交的三维实体或二维面域对象进行减除操作，从而得到具有凹槽特征的实体或面对象。

【差集】命令的执行方法主要有以下3种。

（1）菜单栏：【修改】→【实体编辑】→【差集】命令。

（2）命令行：SUBTRACT或SU。

（3）【实体编辑】工具组：单击【差集】按钮⊚。

打开光盘文件"素材与结果文件\第7章\素材文件\7-9.dwg"，如图7-41左图所示；使用【差集】命令将左图修改为右图。

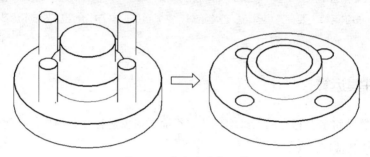

图7-41　实体的差集运算

步骤01　在【实体编辑】工具组中单击【差集】按钮⊚。

步骤02　选择下方体积较大的圆柱实体，再按下空格键完成减除源对象的定义，如图7-42所示。

步骤03　选择与减除源对象相交的5个圆柱实体为被减除的对象，如图7-43所示；再按下空格键完成实体的差集运算。

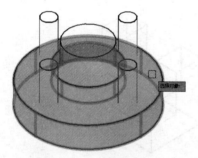

图7-42　定义减除源对象

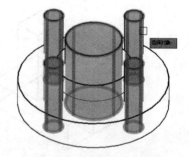

图7-43　定义被减除对象

技 能 拓 展

在实体的差集运算过程中，首先选择的对象将成为减除的源对象且基本结构会被保留，而后选择的对象将成为被减除的对象且在差集运算后会被删除。

7.3.3　交集运算

交集运算是从指定的相交实体中提取出公共部分而形成的实体对象。

【交集】命令的执行方法主要有以下3种。

（1）菜单栏：【修改】→【实体编辑】→【交集】命令。

（2）命令行：INTERSECT 或 IN。

（3）【实体编辑】工具组：单击【交集】按钮⬛。

打开光盘文件"素材与结果文件\第7章\素材文件\7-10.dwg"，如图7-44左图所示；使用【交集】命令将左图修改为右图。

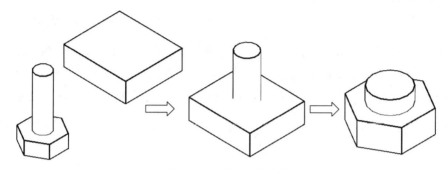

图7-44 实体的交集运算

步骤01 在【实体编辑】工具组中单击【交集】按钮⬛。

步骤02 分别选择两个相交的实体为交集运算对象，按下空格键完成交集实体的创建。

课堂范例——绘制机械支座模型

使用【拉伸】、【并集】、【差集】等实体造型命令创建出机械支座模型，如图7-45所示。

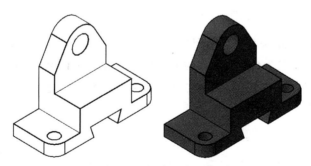

图7-45 机械支座模型

步骤01 使用光盘文件"素材与结果文件"文件夹中的GB标准样板文件，新建图形文件。

步骤02 在【图层】工具栏中，选择【轮廓线】图层。

步骤03 在前视视角下绘制一个T型直线段，再执行【合并】命令将直线段进行合并操作，如图7-46所示。

步骤04 在前视视角下绘制一个梯形直线段，再执行【合并】命令将直线段进行合并操作，如图7-47所示。

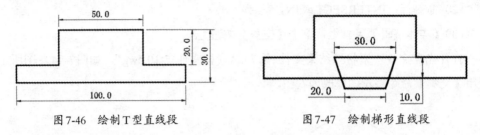

图7-46 绘制T型直线段   图7-47 绘制梯形直线段

步骤05 在【建模】工具组中单击【拉伸】按钮，选择梯形直线段为拉伸实体的截面曲线，指定拉伸距离为60，创建出拉伸实体；再次单击【拉伸】按钮，选择T型直线段为拉伸实体的截面曲线，指定拉伸距离为40，完成拉伸实体的创建，如图7-48所示。

步骤06 在【实体编辑】工具组中单击【差集】按钮，分别选择T型拉伸实体和梯形拉伸实体为差集运算对象，求差结果如图7-49所示。

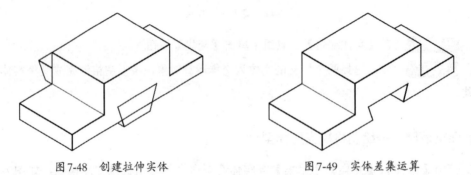

图7-48 创建拉伸实体   图7-49 实体差集运算

步骤07 在后视视角上绘制圆弧、圆形及直线段，再执行【合并】命令将直线段与相切圆弧进行合并操作，如图7-50所示。

步骤08 在【建模】工具组中单击【拉伸】按钮，选择圆形为拉伸实体的截面曲线，指定拉伸距离为50，创建出拉伸实体；再次单击【拉伸】按钮，选择合并的圆弧与直线段为拉伸实体的截面曲线，指定拉伸距离为8，完成拉伸实体的创建，如图7-51所示。

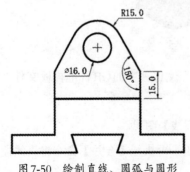 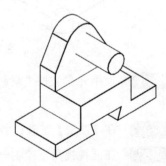

图7-50 绘制直线、圆弧与圆形   图7-51 创建拉伸实体

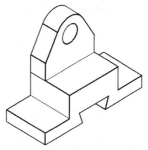

步骤09　在【实体编辑】工具组中单击【差集】按钮，分别选择拉伸实体与圆柱实体为差集运算对象，求差结果如图7-52所示。

步骤10　在【实体编辑】工具组中单击【并集】按钮，选择所有相接的实体为并集运算对象，完成实体的合并操作，如图7-53所示。

图7-52　实体差集运算

步骤11　在【实体编辑】工具组中单击【圆角边】按钮，选择支座底部两棱角边线为圆角对象并设置圆角半径为10，按下空格键完成实体圆角特征的创建。

步骤12　在仰视视角下绘制两个直径为10的圆形，如图7-54所示。

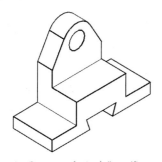

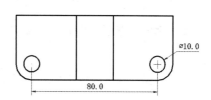

图7-53　实体并集运算

图7-54　绘制圆形

步骤13　在【建模】工具组中单击【拉伸】按钮，分别选择两个圆形为拉伸实体的截面曲线，指定拉伸距离为40，完成拉伸实体的创建，如图7-55所示。

步骤14　在【实体编辑】工具组中单击【差集】按钮，分别选择支座实体与两个拉伸圆柱实体为差集运算对象，求差结果如图7-56所示。

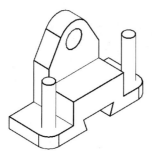

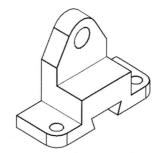

图7-55　创建拉伸实体

图7-56　实体差集运算

👤 课堂问答

本章通过对AutoCAD基本三维实体造型命令的讲解，演示了常见机械零件模型的三维造型思路与操作技巧。下面将列出一些常见的问题供读者学习参考。

问题❶：创建长方体的基本思路是什么？

答：无论是采用【中心点】方式还是采用【长度】方式来创建长方体，其基本思路都是先定义长方体底面矩形的方位与大小，再定义出长方体的高度，从而完成长方体模型的创建。

问题❷：使用二维曲线来创建三维实体有哪些要点？

答：创建拉伸实体、旋转实体、扫掠实体、放样实体时，需要使用独立的整体封闭轮廓曲线，因此需要将相互连接的封闭二维曲线进行合并操作。

问题❸：如何在实体上进行材料减除操作？

答：使用AutoCAD创建的实体模型均是具有体积的几何对象，在指定的实体上进行减除材料的操作，首先需要创建出处于"装配"状态的两个或多个独立实体，再使用【差集】命令进行运算。

上机实战——绘制虎钳活动钳口模型

为加深理解本章所学内容，下面将以虎钳活动钳口模型为例综合演示本章所阐述的实体建模方法。

虎钳活动钳口模型的效果展示如图7-57所示。

效果展示

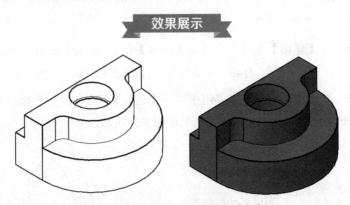

图7-57　虎钳活动钳口模型的效果展示

思路分析

在活动钳口的实体造型过程中，将使用【合并】、【拉伸】、【并集】、【差集】等实体造型命令，重点体现了AutoCAD三维实体造型的基本思路与操作技巧。其主要有以下几个基本步骤。

- 使用GB样板新建图形文件。
- 绘制二维截面曲线。
- 创建基本拉伸实体。

- 创建实体孔特征。

- 创建实体圆角特征。

制作步骤

步骤01 使用GB标准样板文件，新建图形文件。

步骤02 在【图层】工具栏中，选择【轮廓线】图层。

步骤03 在俯视视角下绘制直线段与相切圆弧，再执行【合并】命令将直线与圆弧进行合并操作，如图7-58所示。

步骤04 继续绘制直线段、同心圆弧和圆形，再执行【合并】命令将直线与圆弧进行合并操作，如图7-59所示。

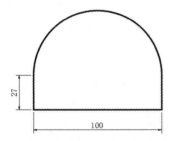

图7-58 绘制直线段与相切圆弧

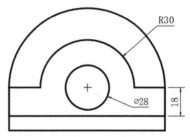

图7-59 绘制圆弧、圆形与直线段

步骤05 在【建模】工具组中单击【拉伸】按钮，选择圆形为拉伸实体的截面曲线，指定拉伸距离为60，创建出拉伸实体；再次单击【拉伸】按钮，选择内侧位置的轮廓曲线为拉伸实体的截面曲线，指定拉伸距离为46，创建出拉伸实体；再次单击【拉伸】按钮，选择最外侧位置的轮廓曲线为拉伸实体的截面曲线，指定拉伸距离为27，完成拉伸实体的创建，如图7-60所示。

步骤06 在【实体编辑】工具组中单击【并集】按钮，选择下侧两相交实体为并集运算对象，完成实体的合并操作，如图7-61所示。

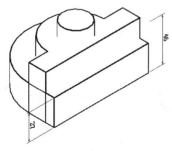

图7-60 创建拉伸实体

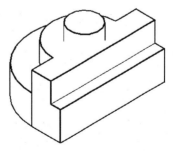

图7-61 实体并集运算

步骤07 在【实体编辑】工具组中单击【差集】按钮，分别选择合并的实体和圆柱实体为差集运算对象，求差结果如图7-62所示。

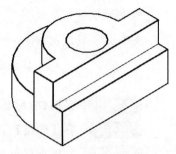

图7-62　实体差集运算

步骤08　捕捉圆孔的圆心点，绘制一个直径为32的圆形；在【建模】工具组中单击【拉伸】按钮，选择绘制的圆形为拉伸实体的截面曲线，指定拉伸距离为12，创建出拉伸实体。

步骤09　在【实体编辑】工具组中单击【差集】按钮，分别选择钳口主体部分实体和圆形拉伸体为差集运算对象，求差结果如图7-63所示。

步骤10　在【实体编辑】工具组中单击【圆角边】按钮，选择钳口实体的两棱角边线为圆角对象并设置圆角半径为8，按下空格键完成实体圆角特征的创建，如图7-64所示。

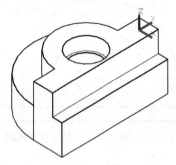

图7-63　实体差集运算

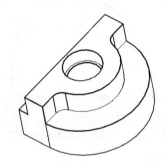

图7-64　实体圆角

同步训练——绘制虎钳钳口螺母模型

绘制虎钳钳口螺母模型的图解流程如图7-65所示。

图解流程

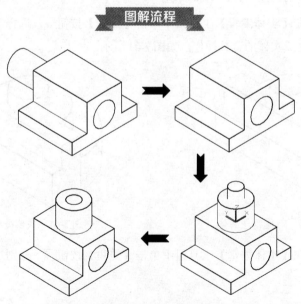

图7-65　绘制虎钳钳口螺母模型的图解流程

思路分析

在钳口螺母模型的造型过程中，综合运用了二维绘图与编辑命令、基础实体造型命令以及布尔运算命令。

关键步骤

步骤01 执行【直线】、【圆心、半径】以及【合并】圆命令，在前视视角下绘制如图7-66所示的二维轮廓图形。

步骤02 执行【拉伸】命令，完成基础拉伸实体的创建，如图7-67所示。

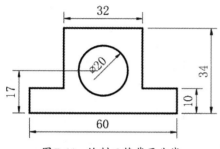

图7-66 绘制二维截面曲线

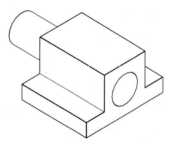

图7-67 创建拉伸实体

步骤03 执行【并集】命令，完成实体的求差操作，如图7-68所示。

步骤04 执行【圆心、半径】命令，在俯视视角下绘制如图7-69所示的同心圆形。

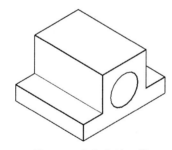

图7-68 实体求差运算

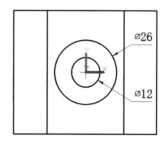

图7-69 绘制同心圆形

步骤05 执行【拉伸】命令，完成两个拉伸实体的创建，如图7-70所示。

步骤06 执行【并集】命令，完成实体的求差操作；执行【并集】命令，完成所有独立实体的合并操作，如图7-71所示。

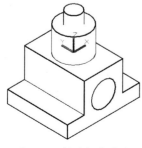

图7-70 创建拉伸实体

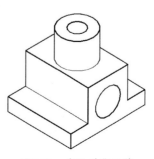

图7-71 实体并集运算

知识与能力测试

本章讲解了使用AutoCAD绘制机械零件模型的基本方法，为对知识进行巩固和考核，布置相应的练习题。

一、填空题

1．长方体的创建需要由_____、_____和_____3个要素来定义。

2．使用【拉伸】命令中的_____子命令，可创建具有拔模角度的实体对象。

3．使用_____命令，可创建具有变化截面特性的实体对象。

4．布尔运算主要有_____、_____和_____。

二、选择题

1．下列哪个快捷键可创建拉伸实体？（ ）

    A.【EXT】   B.【REV】   C.【SWE】   D.【LOFT】

2．下列哪个快捷键可创建放样实体？（ ）

    A.【EXT】   B.【REV】   C.【SWE】   D.【LOFT】

3．下面哪个命令常用于三维模型的合并操作？（ ）

    A.【并集】   B.【差集】   C.【交集】   D.【合并】

4．下面哪个命令常用于三维模型的材料减除操作？（ ）

    A.【差集】   B.【交集】   C.【并集】   D.【删除】

三、简答题

1．怎样在指定的实体平面上绘制二维结构图形？

2．怎样在实体模型上创建凹槽特征？

3．怎样使用二维曲线创建三维实体模型？

AutoCAD
2016

使用AutoCAD创建机械零件模型不仅需要运用常规的实体造型命令，还需运用到各种实体编辑修改命令，如此才能创建出零件模型的细节特征。

本章介绍在AutoCAD系统中使用【三维阵列】、【三维镜像】、【抽壳】、【实体圆角】、【实体倒角】等命令编辑实体结构的基本操作方法与思路。

学习目标

- 了解实体移动与旋转操作
- 掌握实体的三维阵列操作
- 掌握实体的三维镜像复制操作
- 了解实体面的编辑操作
- 掌握实体边的编辑操作

编辑几何实体

本节将介绍如何对已创建的几何实体进行位移和复制编辑，这些编辑操作需要运用到【三维移动】、【三维旋转】、【三维阵列】和【三维镜像】命令。

8.1.1 移动实体

使用【三维移动】命令可在不修改实体结构形状的前提下对实体对象进行空间位移操作。

【三维移动】命令的执行方法主要有以下两种。

（1）菜单栏:【修改】→【三维操作】→【三维移动】命令。

（2）命令行：3DMOVE 或 3DM。

打开光盘文件"素材与结果文件\第8章\素材文件\8-1.dwg"，如图8-1左图所示；使用【三维移动】命令将左图修改为右图。

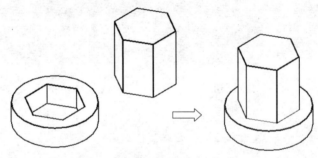

图8-1　移动实体

步骤01　执行下拉菜单栏【修改】→【三维操作】→【三维移动】命令。

步骤02　选择右侧的正六方体，再按下空格键完成移动实体的指定；选择正六方体上的一个顶点为移动参考基点，如图8-2所示。

步骤03　移动十字光标，选择左侧正六方孔特征的顶点为实体移动放置点，系统将完成实体的移动操作，如图8-3所示。

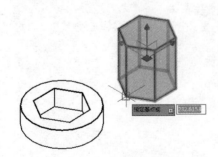

图8-2　指定移动对象与基点

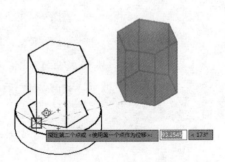

图8-3　指定移动放置点

8.1.2　旋转实体

使用【三维旋转】命令可在三维空间中将指定的实体对象进行任意角度的旋转操作。

【三维旋转】命令的执行方法主要有以下两种。

（1）菜单栏：【修改】→【三维操作】→【三维旋转】命令。

（2）命令行：3DROTATE 或 3DR。

打开光盘文件"素材与结果文件\第8章\素材文件\8-2.dwg"，如图8-4左图所示；使用【三维旋转】命令将左图修改为右图。

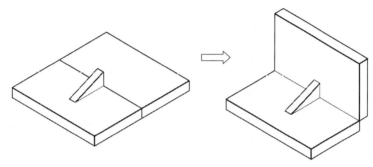

图 8-4　旋转实体

步骤01　执行下拉菜单栏【修改】→【三维操作】→【三维旋转】命令。

步骤02　选择右侧的长方体，再按下空格键完成旋转实体的指定，如图8-5所示；选择右侧长方体上直线边的中点为旋转基点，如图8-6所示。

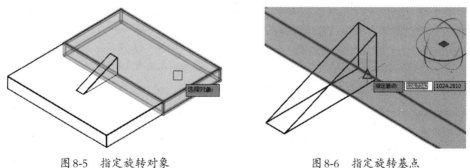

图 8-5　指定旋转对象　　　　　图 8-6　指定旋转基点

步骤03　移动十字光标，选择旋转基点所在的直线边为实体的旋转轴；在命令行输入旋转角度值90，按下空格键完成长方体的旋转操作。

8.1.3　矩形阵列实体

使用【三维阵列】命令创建矩形实体阵列需要指定行数、列数、层数及间距值等参数。

【三维阵列】命令的执行方法主要有以下两种。

（1）菜单栏：【修改】→【三维操作】→【三维阵列】命令。

（2）命令行：3DARRAY 或 3DAR。

打开光盘文件"素材与结果文件\第8章\素材文件\8-3.dwg"，如图8-7左图所示；使用【三维阵列】命令将左图修改为右图。

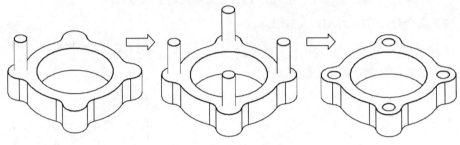

图8-7　矩形阵列实体

步骤01　执行下拉菜单栏【修改】→【三维操作】→【三维阵列】命令。

步骤02　选择左侧的圆柱实体，再按下空格键完成阵列实体的指定；在弹出的【输入阵列类型】选项列表中选择【矩形】命令项。

步骤03　在【输入行数】文本框中指定行数为2，再按下空格键确定；在【输入列数】文本框中指定列数为2，再按下空格键确定；在【输入层数】文本框中指定层数为1，再按下空格键确定。

步骤04　在【指定行间距】文本框中指定间距值为-60，再按下空格键确定；在【指定列间距】文本框中指定间距值为60，再按下空格键完成实体的矩形阵列操作。

> 温馨提示
>
> 在指定行、列间距值时，输入正值将按照坐标轴的正方向进行阵列复制操作，而输入负值将按照坐标轴的负方向进行阵列复制。

步骤05　在【实体编辑】工具组中单击【差集】按钮◙，分别选择下侧的实体与4个阵列圆柱实体为差集运算对象，再按下空格键完成实体的求差操作。

8.1.4　环形阵列实体

使用【三维阵列】命令创建环形实体阵列需要指定阵列项目数、填充角度、旋转轴等相关参数。

【三维阵列】命令的执行方法主要有以下两种。

（1）菜单栏：【修改】→【三维操作】→【三维阵列】命令。

（2）命令行：3DARRAY 或 3DAR。

打开光盘文件"素材与结果文件\第8章\素材文件\8-4.dwg"，如图8-8左图所示；

使用【三维阵列】命令将左图修改为右图。

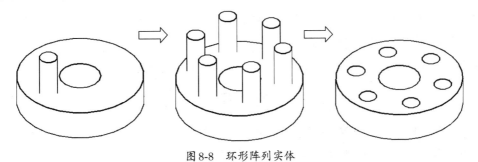

图 8-8 环形阵列实体

步骤01 执行下拉菜单栏【修改】→【三维操作】→【三维阵列】命令。

步骤02 选择左侧的圆柱实体，再按下空格键完成阵列实体的指定；在弹出的【输入阵列类型】选项列表中选择【环形】命令项。

步骤03 在【输入阵列中的项目数目】文本框中指定阵列项目数为6，再按下空格键确定；在【指定要填充的角度】文本框中指定填充角度为360，再按下空格键确定。

步骤04 在弹出的【旋转阵列对象】选项列表中选择【是】命令项；在下侧圆柱实体上分别捕捉顶面和底面的圆心点，系统将完成实体的环形阵列操作。

步骤05 在【实体编辑】工具组中单击【差集】按钮，分别选择下侧的实体与6个阵列圆柱实体为差集运算对象，再按下空格键完成实体的求差操作。

8.1.5 镜像实体

使用【三维镜像】命令可将指定的实体对象相对于空间平面做对称复制操作。

【三维镜像】命令的执行方法主要有以下两种。

（1）菜单栏：【修改】→【三维操作】→【三维镜像】命令。

（2）命令行：Mirror3d。

打开光盘文件"素材与结果文件\第8章\素材文件\8-5.dwg"，如图8-9左图所示；使用【三维镜像】命令将左图修改为右图。

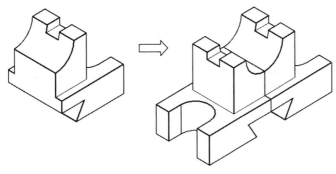

图 8-9 镜像实体

步骤01 执行下拉菜单栏【修改】→【三维操作】→【三维镜像】命令。

步骤02 选择绘图区中已创建的异形实体，再按下空格键完成镜像对象的指定。

步骤03 分别捕捉实体左侧平面上的3个顶点，完成镜像平面的指定；在弹出的【是否输出源对象】选项列表中选择【否】命令项，系统将完成实体的镜像复制操作。

技能拓展

在选择镜像平面的3个点时，不能选取在同一空间直线上的点特征，否则将不能正确定义出镜像平面的位置。

在执行【三维镜像】命令过程中，部分子选项含义如下。

- 对象（O）：完成镜像对象的选取后，在命令行中输入字母O，再按下空格键确定，可使用指定的图形对象作为镜像参考平面，如图8-10所示。

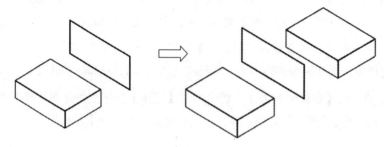

图8-10 使用对象镜像实体

- 最近的（L）：完成镜像对象的选取后，在命令行中输入字母L，再按下空格键确定，系统将使用上一次镜像平面作为当前镜像操作的参考平面。
- xy/yz/zx平面：完成镜像对象的选取后，在命令行中输入坐标轴字母，可使用标准平面（xy/yz/zx平面）作为当前镜像操作的参考平面。

课堂范例——装配气缸模型

使用【三维移动】、【三维旋转】以及【三维对齐】等实体编辑命令完成气缸零件的装配操作，如图8-11所示。

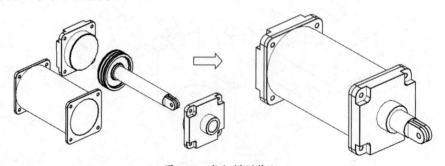

图8-11 气缸模型装配

步骤01 使用光盘文件"素材与结果文件"文件夹中的GB标准样板文件,新建图形文件。

步骤02 执行【插入】命令,将"素材与结果文件\第8章\课堂范例"文件夹中的5个气缸零件模型分别插入至当前图形文件的绘图区域中,如图8-12所示。

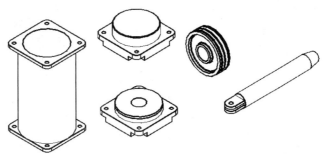

图8-12 插入零件模型

步骤03 执行【三维移动】命令,将缸套前板零件模型移动至缸套零件模型正下方,如图8-13所示。

步骤04 执行【三维对齐】命令,分别捕捉缸套前板零件模型上的3个圆孔圆心点为对齐基点,再捕捉缸套零件模型上的3个圆孔圆心点为对齐放置点,完成两个零件的装配操作,如图8-14所示。

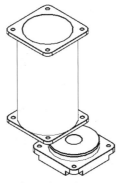

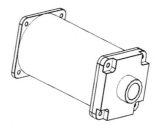

图8-13 移动零件模型　　　　　　　图8-14 对齐零件模型

步骤05 执行【三维移动】命令,将活塞零件模型移动至缸套零件模型正上方;执行【三维旋转】命令,将活塞模型旋转90°,如图8-15所示。

步骤06 在俯视视角下,执行【三维移动】命令,捕捉活塞零件模型的圆心为移动基点,捕捉缸套零件模型上的圆心为放置基点,完成活塞零件模型的移动操作,如图8-16所示。

步骤07 在正交模式下,执行【三维移动】命令,将活塞零件模型向正下方移动200。

步骤08 执行【三维移动】命令,将缸套背板模型移动至缸套零件模型正上方,如图8-17所示;执行【三维对齐】命令,分别捕捉缸套背板零件模型上的3个圆孔圆心点为对齐基点，再捕捉缸套零件模型上的3个圆孔圆心点为对齐放置点，完成两个零件的装配操作，如图8-18所示。

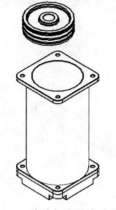

图 8-15　移动与旋转零件模型

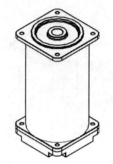

图 8-16　移动零件模型

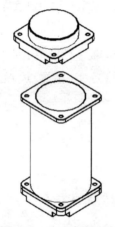

图 8-17　移动零件模型

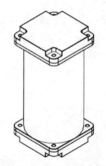

图 8-18　对齐零件模型

步骤09　执行【三维旋转】命令，将轴杆零件模型旋转90°，如图8-19所示；在线框显示模式下，执行【三维移动】命令，捕捉轴杆零件端面圆心为移动基点，捕捉活塞零件端面圆心为放置点，完成两个零件模型的装配操作，如图8-20所示。

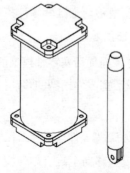

图 8-19　旋转零件模型

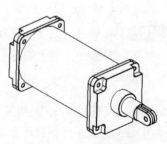

图 8-20　移动零件模型

步骤10 执行【复制】命令，将已装配的零件模型进行复制操作；在正交模式下执行【移动】命令，将已装配的各零件模型进行移动操作，如图8-21所示。

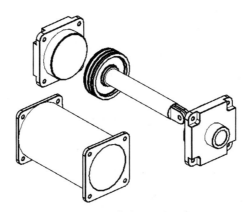

图8-21 创建装配分解视图

8.2 实体面的编辑

对于已创建的实体模型，可使用【实体编辑】工具组中的面编辑命令来快速修改实体的外形结构。

8.2.1 拉伸与旋转实体面

拉伸实体面与旋转实体面是AutoCAD三维造型中最常用的实体面操作命令，通过直接位移实体的表面来快速修改三维模型的外形结构。

1. 拉伸面

使用【拉伸面】命令可将三维实体的选定表平面按指定的距离或路径进行延伸操作。

【拉伸面】命令的执行方法主要有以下3种。

（1）菜单栏：【修改】→【实体编辑】→【拉伸面】命令。

（2）命令行：SOLIDEDIT。

（3）在【三维工具】选项卡中的【实体编辑】工具组中单击 实体编辑 ▼ 按钮，在展开的下拉列表中单击【拉伸面】按钮 。

打开光盘文件"素材与结果文件\第8章\素材文件\8-6.dwg"，如图8-22左图所示；使用【拉伸面】命令将左图修改为右图。

步骤01 在展开的【实体编辑】工具组列表中单击【拉伸面】按钮 。

步骤02 选择如图8-23所示的实体平面，再按下空格键完成拉伸对象的指定。

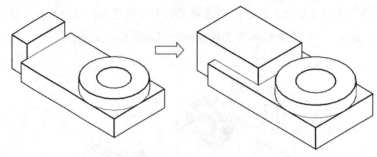

图8-22　拉伸实体面

步骤03　在命令行中输入拉伸距离60，再按下空格键确定；在命令行中输入拉伸倾斜角度为0°，再按下空格键确定，系统将完成实体面的拉伸，如图8-24所示。

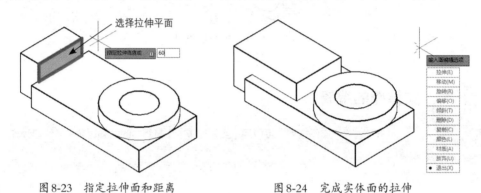

图8-23　指定拉伸面和距离　　　　　　　图8-24　完成实体面的拉伸

技能拓展

　　当输入的距离值为正值时，系统将按拉伸面的法线方向进行拉伸。另外，可在指定的拉伸面上选择一点作为基点，再选择实体外某点作为拉伸的限制点，从而完成拉伸距离的定义。

2．旋转面

　　使用【旋转面】命令可将三维实体的选定表平面按指定的轴线进行旋转，从而完成对实体模型的增料或减除操作。

　　【旋转面】命令的执行方法主要有以下3种。

　　（1）菜单栏：【修改】→【实体编辑】→【旋转面】命令。

　　（2）命令行：SOLIDEDIT。

　　（3）在【三维工具】选项卡中的【实体编辑】工具组中单击 实体编辑 ▾ 按钮，在展开的下拉列表中单击【旋转面】按钮。

　　打开光盘文件"素材与结果文件\第8章\素材文件\8-7.dwg"，如图8-25左图所示；使用【旋转面】命令将左图修改为右图。

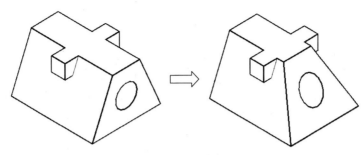

图 8-25 旋转实体面

步骤01 在展开的【实体编辑】工具组列表中单击【旋转面】按钮🔲。

步骤02 选择如图 8-26 所示的实体平面，再按下空格键完成旋转对象的指定。

步骤03 在指定实体平面上选择底边的两个端点，再按下空格键完成旋转轴线的定义。

步骤04 在命令行中输入旋转角度值 30，按下空格键完成实体面的旋转，如图 8-27 所示。

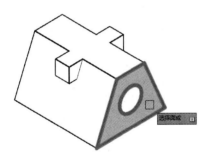

图 8-26 指定旋转实体面

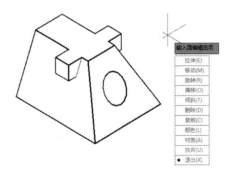

图 8-27 完成实体面的旋转

8.2.2 偏移实体面

使用【偏移面】命令可将指定的实体平面按照法线方向进行平行偏移，从而完成对实体模型的增料或减除操作。

【偏移面】命令的执行方法主要有以下 3 种。

（1）菜单栏：【修改】→【实体编辑】→【偏移面】命令。

（2）命令行：SOLIDEDIT。

（3）在【三维工具】选项卡中的【实体编辑】工具组中单击 实体编辑▼ 按钮，在展开的下拉列表中单击【偏移面】按钮🔲。

打开光盘文件"素材与结果文件\第8章\素材文件\8-8.dwg"，如图 8-28 左图所示；使用【偏移面】命令将左图修改为右图。

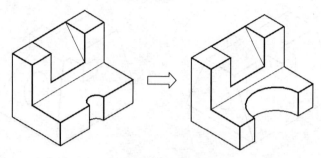

图 8-28　偏移实体面

步骤01　在展开的【实体编辑】工具组列表中单击【偏移面】按钮▣。

步骤02　选择实体模型上的曲面，再按下空格键完成偏移对象的指定，如图 8-29 所示。

步骤03　在命令行中输入偏移距离值 -6，按下空格键完成实体的偏移，如图 8-30 所示。

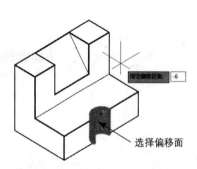

图 8-29　指定偏移实体面

图 8-30　完成实体面的偏移

技能拓展

　　AutoCAD 系统默认的偏移方向为偏移对象的外侧，当输入的偏移距离为负值时可改变偏移方向。

8.2.3　删除实体面

　　使用【删除面】命令可对实体模型上的过渡平面进行删除，从而完成实体对象的修补操作。

　　【删除面】命令的执行方法主要有以下 3 种。

　　（1）菜单栏：【修改】→【实体编辑】→【删除面】命令。

　　（2）命令行：SOLIDEDIT。

　　（3）在【三维工具】选项卡中的【实体编辑】工具组中单击　实体编辑▼　按钮，在展开的下拉列表中单击【删除面】按钮 。

打开光盘文件"素材与结果文件\第8章\素材文件\8-9.dwg",如图8-31左图所示;使用【删除面】命令将左图修改为右图。

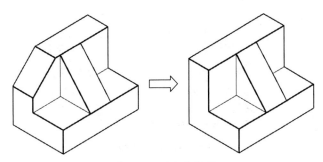

图 8-31　删除实体面

步骤01　在展开的【实体编辑】工具组列表中单击【删除面】按钮 。

步骤02　选择实体模型的倒角平面为删除对象,按下空格键完成实体面的删除。

8.2.4　倾斜实体面

使用【倾斜面】命令可将选定的实体平面按照指定的角度进行倾斜操作。

【倾斜面】命令的执行方法主要有以下3种。

(1)菜单栏:【修改】→【实体编辑】→【倾斜面】命令。

(2)命令行:SOLIDEDIT。

(3)在【三维工具】选项卡中的【实体编辑】工具组中单击 实体编辑▼ 按钮,在展开的下拉列表中单击【倾斜面】按钮 。

打开光盘文件"素材与结果文件\第8章\素材文件\8-10.dwg",如图8-32左图所示;使用【倾斜面】命令将左图修改为右图。

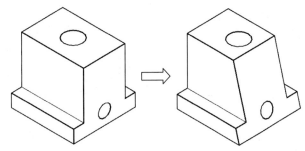

图 8-32　倾斜实体面

步骤01　在展开的【实体编辑】工具组列表中单击【倾斜面】按钮 。

步骤02　选择实体的右侧平面,再按下空格键完成倾斜对象的指定。

步骤03　在选定的实体平面上,分别选择上下边线的中点,再按下空格键完成倾斜轴线的定义，如图8-33所示。

步骤04 在命令行中输入倾斜角度值15，按下空格键完成实体面的倾斜。

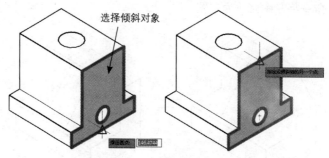

图8-33 指定倾斜轴端点

温馨
提示

系统默认的倾斜方向为实体内侧方向，通过输入负值的方式可调整实体面的倾斜方向。

8.2.5 实体抽壳

使用【抽壳】命令可将实体模型的一个或多个表平面进行移除操作，再掏空实体的内部材料创建出平均厚度的几何壳体。

【抽壳】命令的执行方法主要有以下3种。

（1）菜单栏:【修改】→【实体编辑】→【抽壳】命令。

（2）命令行：SOLIDEDIT。

（3）【实体编辑】工具组：单击【抽壳】按钮 📄。

打开光盘文件"素材与结果文件\第8章\素材文件\8-11.dwg"，如图8-34左图所示；使用【抽壳】命令将左图修改为右图。

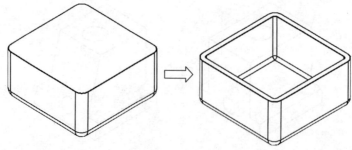

图8-34 实体抽壳

步骤01 在【实体编辑】工具组中单击【抽壳】按钮 📄。

步骤02 选择已圆角的三维实体为抽壳对象，再选择实体的顶平面为移除平面；在命令行中输入抽壳偏移距离5，按下空格键完成实体的抽壳。

技能拓展

在指定移除平面时，可选取多个实体平面为抽壳的移除面。

课堂范例——绘制壳体件模型

使用【拉伸】、【放样】以及【倾斜面】、【抽壳】等实体造型命令完成壳体件模型的创建，如图8-35所示。

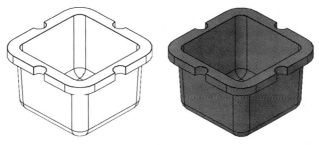

图8-35 壳体件模型

步骤01 使用光盘文件"素材与结果文件"文件夹中的GB标准样板文件，新建图形文件。

步骤02 在【图层】工具栏中，选择【轮廓线】图层。

步骤03 在俯视视角下绘制矩形，如图8-36所示。

步骤04 在【建模】工具组中单击【拉伸】按钮 ，选择绘制的矩形为拉伸实体的截面曲线，指定拉伸距离为40，完成拉伸实体的创建。

步骤05 在展开的【实体编辑】工具组列表中单击【倾斜面】按钮 ，分别将拉伸实体的4个侧平面向内倾斜2°，如图8-37所示。

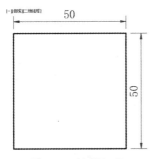

图8-36 绘制矩形

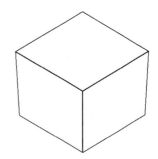

图8-37 倾斜实体侧平面

步骤06 在【实体编辑】工具组中单击【圆角边】按钮 ，选择实体的棱角边线为圆角对象，并设置圆角半径为6，完成实体圆角特征的创建，如图8-38所示。

步骤07 在【实体编辑】工具组中单击【抽壳】按钮 ，选择实体顶平面为移除平面，设置抽壳偏移距离为1.5，完成实体抽壳特征的创建，如图8-39所示。

步骤08　在俯视视角下绘制两个圆角矩形，如图8-40所示。

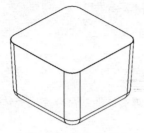

图8-38　实体圆角

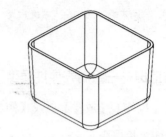

图8-39　实体抽壳

步骤09　在【建模】工具组中单击【拉伸】按钮，将内侧的圆角矩形向下拉伸10，将外侧的圆角矩形向下拉伸5，创建出两个相交的几何实体。

步骤10　在【实体编辑】工具组中单击【差集】按钮，分别选择两个相交的拉伸实体为差集运算对象，求差结果如图8-41所示。

步骤11　在【实体编辑】工具组中单击【并集】按钮，选择所有的几何实体为并集运算对象，完成实体的合并操作。

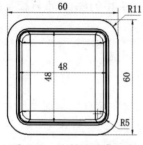

图8-40　绘制两圆角矩形

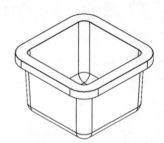

图8-41　实体差集运算

步骤12　在俯视视角下绘制4个圆形与封闭曲线，再执行【合并】命令将直线段与相接圆弧进行合并操作，如图8-42所示。

步骤13　在【建模】工具组中单击【拉伸】按钮，将4个圆形向下拉伸10，将4条封闭曲线向下拉伸25，完成拉伸实体的创建，如图8-43所示。

步骤14　在【实体编辑】工具组中单击【差集】按钮，分别选择相交的几何实体为差集运算对象，完成槽口特征的创建。

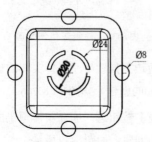

图8-42　绘制二维封闭曲线

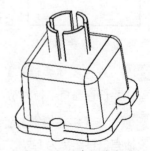

图8-43　创建拉伸实体

8.3 实体边的编辑

使用【实体编辑】工具组中的边编辑命令不仅能创建出各种工程特征，如圆角特征、倒角特征，还能快速地对实体模型的边线进行重复利用。

8.3.1 实体圆角

使用【圆角边】命令可在实体的棱角边线位置上创建一个相切的过渡曲面，其主要包括内圆角和外圆角两种模式，内圆角为增加材料，而外圆角为减除材料。

【圆角边】命令的执行方法主要有以下3种。

（1）菜单栏：【修改】→【实体编辑】→【圆角边】命令。

（2）命令行：FILLETEDGE。

（3）【实体编辑】工具组：单击【圆角边】按钮。

打开光盘文件"素材与结果文件\第8章\素材文件\8-12.dwg"，如图8-44左图所示；使用【圆角边】命令将左图修改为右图。

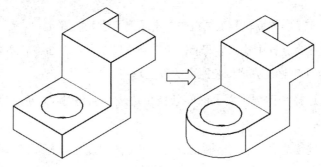

图 8-44 实体圆角

步骤01 在【实体编辑】工具组中单击【圆角边】按钮。

步骤02 在命令行中输入字母R，按下空格键确定；在命令行中输入圆角半径值10，再按下空格键完成半径值的设定。

步骤03 选择实体模型上的两条棱角边线为圆角对象，系统将预览出圆角结果，如图8-45所示。

步骤04 连续两次按下空格键完成圆角特征的创建并退出命令。

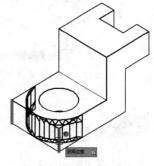

图 8-45 指定圆角边线

8.3.2 实体倒角

使用【倒角边】命令可在几何实体的棱角边线位置上创建一个过渡平面。

【倒角边】命令的执行方法主要有如下3种。

（1）菜单栏：【修改】→【实体编辑】→【倒角边】命令。

（2）命令行：CHAMFEREDGE 或 CHAMFERE。

（3）【实体编辑】工具组：单击【倒角边】按钮 。

打开光盘文件"素材与结果文件\第8章\素材文件\8-13.dwg"，如图8-46左图所示；使用【倒角边】命令将左图修改为右图。

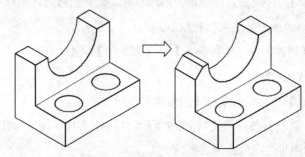

图 8-46　实体倒角

步骤01　在【实体编辑】工具组中单击【倒角边】按钮 。

步骤02　在命令行中输入字母D，按下空格键确定；在命令行中分别输入两个倒角距离值3，再按下空格键完成倒角距离的设定。

步骤03　选择实体侧平面上的两条棱角边线为倒角对象，系统将预览出倒角结果，如图8-47所示。

步骤04　连续两次按下空格键完成倒角特征的创建并退出命令。

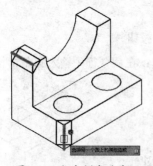

图 8-47　指定倒角边线

> **温馨提示**　选择多个实体边线为倒角边时，实体边线应在同一个实体面上，否则将不能同时创建出倒角特征。

8.3.3 压印边

使用【压印边】命令可将实体的边线投影至其他相交实体上，从而改变源对象实体的外形结构。

【压印边】命令的执行方法主要有以下3种。

（1）菜单栏：【修改】→【实体编辑】→【压印边】命令。

（2）命令行：IMPRINT 或 IMPR。

（3）在【三维工具】选项卡中的【实体编辑】工具组中单击 实体编辑▼ 按钮，在展开的下拉列表中单击【压印边】按钮 。

打开光盘文件"素材与结果文件\第8章\素材文件\8-14.dwg"，如图8-48左图所示；使用【压印边】命令将左图修改为右图。

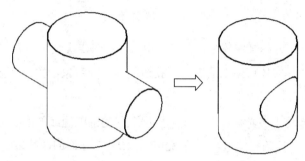

图8-48 压印实体边

步骤01 在展开的【实体编辑】工具组列表中单击【压印边】按钮 。

步骤02 选择垂直放置的圆柱体为压印参考对象，选择水平放置的相交圆柱体为压印对象。

步骤03 在【是否删除源对象】文本框中输入字母Y，按下空格键完成实体的压印操作。

技能拓展

选择删除源对象（Y）时，系统将只保留压印后的实体结构。选择不删除源对象（N）时，系统将同时保留压印后的实体结构与压印实体结构。

8.3.4 复制边

使用【复制边】命令可将实体的轮廓边线重复利用，它与二维结构绘图中的【复制】命令类似。

【复制边】命令的执行方法主要有以下3种。

（1）菜单栏：【修改】→【实体编辑】→【复制边】命令。

（2）命令行：SOLIDEDIT。

（3）在【三维工具】选项卡中的【实体编辑】工具组中单击 实体编辑▼ 按钮，在展开的下拉列表中单击【复制边】按钮 。

打开光盘文件"素材与结果文件\第8章\素材文件\8-15.dwg",如图8-49左图所示;使用【复制边】命令将左图修改为右图。

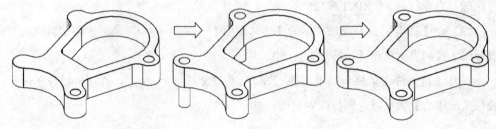

图8-49　复制实体边

步骤01　在展开的【实体编辑】工具组列表中单击【复制边】按钮 。

步骤02　选择实体模型上的右侧圆孔边线为复制对象,按下空格键确定;再选择圆孔边线的圆心为复制基点。

步骤03　移动十字光标,选择实体模型上左侧圆弧边线的圆心为位移第二点,完成实体边线的复制,如图8-50所示;使用相同方法复制左侧的圆孔边线。

步骤04　使用【拉伸】命令创建如图8-51所示的拉伸实体,使用【差集】命令完成实体模型左侧圆孔特征的创建。

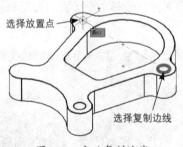

选择放置点

选择复制边线

图8-50　定义复制边线

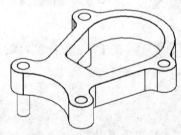

图8-51　创建拉伸实体

8.3.5　提取边

使用【提取边】命令可将三维实体、三维曲面、三维网格等对象的所有边线提取为线框几何图形。

【提取边】命令的执行方法主要有以下3种。

(1)菜单栏:【修改】→【三维操作】→【提取边】命令。

(2)命令行:XEDGES。

(3)在【三维工具】选项卡中的【实体编辑】工具组中单击 实体编辑▼ 按钮,在展开的下拉列表中单击【提取边】按钮 。

打开光盘文件"素材与结果文件\第8章\素材文件\8-16.dwg",如图8-52左图所示；使用【提取边】命令将左图修改为右图。

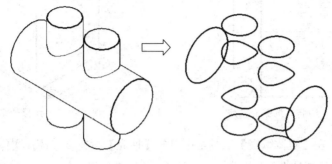

图 8-52 提取实体边线

步骤01 在展开的【实体编辑】工具组列表中单击【提取边】按钮⬚。

步骤02 选择合并的实体为提取对象，再按下空格键完成实体边线的提取操作。

步骤03 删除实体模型，只保留提取的边线。

📖 课堂范例——绘制机械箱体模型

使用【拉伸】、【并集】、【差集】、【圆角边】等实体造型命令完成机械箱体模型的创建，如图8-53所示。

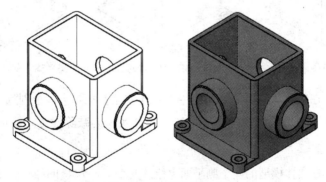

图 8-53 机械箱体模型

步骤01 使用光盘文件"素材与结果文件"文件夹中的GB标准样板文件，新建图形文件。

步骤02 在【图层】工具栏中，选择【轮廓线】图层。

步骤03 在俯视视角下绘制圆角矩形、矩形、4组同心圆形，如图8-54所示。

步骤04 在【建模】工具组中单击【拉伸】按钮⬚，选择绘制的矩形为拉伸实体的截面曲线，指定拉伸距离为100，完成拉伸实体的创建，如图8-55所示。

步骤05 在【实体编辑】工具组中单击【圆角边】按钮⬚，选择实体的4条棱角边线为圆角对象，并设置圆角半径为6，完成实体圆角特征的创建，如图8-56所示。

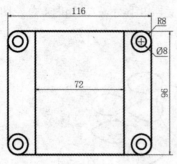

图 8-54　绘制二维截面曲线

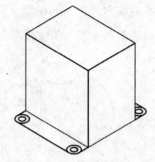

图 8-55　创建拉伸实体

<mark>步骤06</mark>　在【实体编辑】工具组中单击【抽壳】按钮，选择实体顶平面和底平面为移除平面，设置抽壳偏移距离为5，完成实体抽壳特征的创建，如图8-57所示。

<mark>步骤07</mark>　在【建模】工具组中单击【拉伸】按钮，将内侧的4个同心圆向上拉伸30，将外侧的4个同心圆向上拉伸11，将圆角矩形向上拉伸7，完成相交拉伸实体的创建，如图8-58所示。

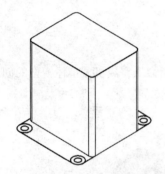

图 8-56　实体圆角

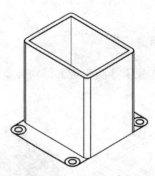

图 8-57　实体抽壳

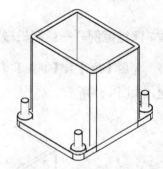

图 8-58　创建相交拉伸实体

<mark>步骤08</mark>　在【实体编辑】工具组中单击【差集】按钮，分别选择高度为7和11的拉伸实体为减除源对象，选择高度为30的拉伸实体为减除对象，完成实体的差集运算，如图8-59所示。

<mark>步骤09</mark>　在实体模型的两个侧平面上绘制两个直径为48的圆形，如图8-60所示。

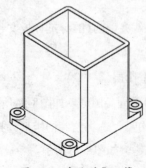

图 8-59　实体差集运算

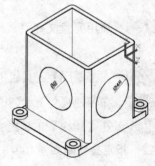

图 8-60　绘制圆形

<mark>步骤10</mark>　在【建模】工具组中单击【拉伸】按钮，分别选择两个圆形为拉伸实

体的截面曲线，指定拉伸距离为18，完成拉伸实体的创建，
如图8-61所示。

[步骤11] 通过捕捉圆台端面的圆心点，绘制两个直径
为32的圆形。

[步骤12] 在【建模】工具组中单击【拉伸】按钮■，
分别选择两个圆形为拉伸实体的截面曲线，指定拉伸距离为
170，完成拉伸实体的创建，如图8-62所示。

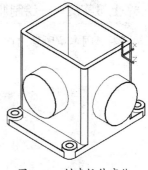

图8-61 创建拉伸实体

[步骤13] 在【实体编辑】工具组中单击【差集】按钮■，
分别选择相交的圆柱体为差集运算对象，完成圆孔特征的创建；在【实体编辑】工具组
中单击【倒角边】按钮■，设置两倒角距离为1，选择圆台特征的边线为倒角对象，完成
实体倒角特征的创建，如图8-63所示。

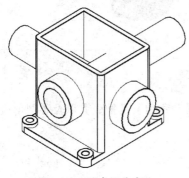

图8-62 创建拉伸实体

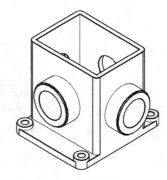

图8-63 实体倒角

🧑 课堂问答

本章介绍了常用的AutoCAD实体编辑命令，演示了机械零件模型的一般编辑方法与
思路。下面将列出一些常见的问题供读者学习参考。

问题❶：怎样装配实体零件模型？

答：使用AutoCAD装配实体零件模型的方法与二维图形的装配方法类似，首先需要
将所有的零部件插入到装配文件中，再通过【移动】、【旋转】和【对齐】命令将零件模
型进行线型装配约束。

问题❷：怎样创建平均厚度的实体模型？

答：使用AutoCAD【实体编辑】工具组中的【抽壳】命令可将实体模型编辑为具有
平均厚度的薄壁类实体。

问题❸：创建实体倒角特征需要注意哪些要点？

答：使用【倒角边】命令创建实体倒角特征通常需要实体边线的独立性，如连续选
取多条实体边线为倒角对象时，所有的边线必须在同一个实体平面上，否则将不能正确
地创建出实体倒角特征。

上机实战——绘制瓶体模型

为巩固本章所学的内容，下面将以瓶体模型为例综合演示本章所阐述的实体模型编辑方法。

瓶体模型的效果展示如图8-64所示。

效果展示

图8-64　瓶体模型的效果展示

思路分析

在创建瓶体模型的过程中，使用了【旋转】、【圆角边】、【抽壳】以及【倒角边】等实体造型命令。其主要有以下几个基本步骤。

- 使用GB样板新建图形文件。
- 创建瓶体模型主体结构。
- 添加实体圆角特征。
- 创建实体抽壳特征。
- 创建实体倒角特征。

制作步骤

步骤01　使用GB标准样板文件，新建图形文件。

步骤02　在【图层】工具栏中，选择【轮廓线】图层。

步骤03　在前视视角下绘制如图8-65所示的二维曲线。

步骤04　在【建模】工具组中单击【旋转】按钮，选择二维曲线中左侧的垂直直线为旋转轴，创建如图8-66所示的旋转实体。

步骤05　在【实体编辑】工具组中单击【圆角边】按钮，选择瓶体底边线为圆角对象，并设置圆角半径为6，完成实体圆角特征的创建，如图8-67所示。

步骤06　在【实体编辑】工具组中单击【抽壳】按钮，选择瓶体顶平面为移除平面，设置抽壳偏移距离为1，完成实体抽壳特征的创建，如图8-68所示。

图 8-65 绘制二维曲线

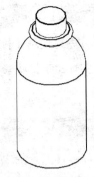

图 8-66 创建旋转实体

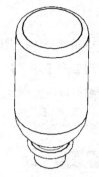

图 8-67 实体圆角

步骤07 在【实体编辑】工具组中单击【倒角边】按钮，设置两倒角距离为 0.1，选择瓶口边线为倒角对象，完成实体倒角特征的创建，如图8-69所示。

图 8-68 实体抽壳

图 8-69 实体倒角

同步训练——绘制电话座壳体模型

绘制电话座壳体模型的图解流程如图8-70所示。

图解流程

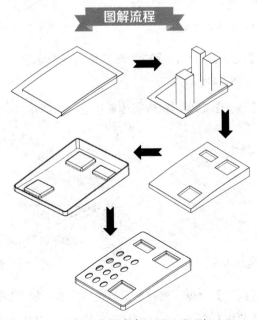

图 8-70 绘制电话座壳体模型的图解流程

思路分析

在电话座壳体模型造型过程中，首先将使用【拉伸】命令来创建实体与曲面，再使用【剖切】和【差集】命令来创建出实体上的凹槽特征，最后使用【圆角边】等命令完成模型细节特征的创建。

关键步骤

步骤01 在前视视角下绘制如图8-71所示的二维曲线。

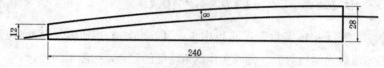

图8-71　绘制前视二维曲线

步骤02 执行【拉伸】命令，完成实体与曲面的创建，如图8-72所示。

步骤03 执行【拉伸】命令，创建3个长方体模型；再执行【剖切】命令，以曲面为剖切工具将长方体下侧部分切除，如图8-73所示。

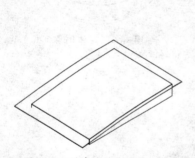

图8-72　创建拉伸实体与曲面

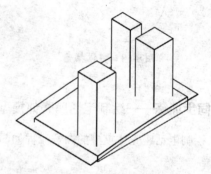

图8-73　剖切长方体

步骤04 执行【差集】命令，完成相交实体的求差运算；执行【圆角边】命令，创建实体圆角特征，如图8-74所示。

步骤05 执行【抽壳】命令，完成壳体零件模型的创建，如图8-75所示。

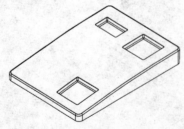

图8-74　实体圆角

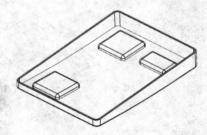

图8-75　实体抽壳

步骤06 执行【拉伸】命令，创建椭圆形拉伸实体，如图8-76所示。

步骤07 执行【差集】命令，完成实体求差操作，如图8-77所示。

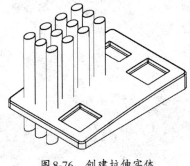

图8-76 创建拉伸实体

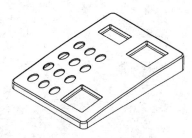

图8-77 实体差集运算

知识与能力测试

本章主要讲解使用AutoCAD编辑实体模型的方法与思路，为对知识进行巩固和考核，布置相应的练习题。

一、填空题

1．装配实体零件常需要使用_____、_____、_____和_____命令。

2．使用_____命令可在实体棱角处创建出过渡曲面特征。

3．使用_____命令可创建平均厚度的薄壁模型。

4．使用_____命令可将实体模型的所有边线创建线框结构图形。

二、选择题

1．下列哪个命令可将实体进行延伸操作？（　　）

    A．【拉伸面】　　　　B．【旋转面】　　　　C．【倾斜面】　　　　D．【偏移面】

2．下面哪个命令可创建环状排列的副本实体模型？（　　）

    A．【三维镜像】　　B．【三维阵列】　　C．【三维移动】　　D．【三维旋转】

3．下面哪个命令可创建对称结构的实体模型？（　　）

    A．【三维镜像】　　B．【三维阵列】　　C．【三维移动】　　D．【三维旋转】

4．下面哪个命令能创建零件模型的拔模面？（　　）

    A．【倾斜面】　　　　B．【删除面】　　　　C．【偏移面】　　　　D．【圆角边】

三、简答题

1．装配机械零件模型需要注意哪些要点？

2．怎样掌握倾斜面的角度方向？

3．选取倒角边线时，应注意哪些要点？

AutoCAD
2016

第9章
转换AutoCAD机械工程视图

工程视图是技术人员自由表达产品结构形状和技术要点的交流工具，更是技术交流的重要平台。AutoCAD不仅可以使用二维绘图的方式来完成工程视图的制作，还可以将三维实体模型直接转换为二维投影视图。

本章介绍使用AutoCAD 2016转换工程视图的基本方法与思路，重点讲解基础视图、投影视图、剖视图等机械常见视图的创建技巧。

学习目标

- 掌握基础视图的创建方法
- 掌握投影视图的创建方法
- 掌握全剖视图、半剖视图、阶梯剖视图的创建方法
- 掌握局部放大视图的创建方法
- 了解视图更新的方法

创建机械工程视图

使用 AutoCAD 创建机械零件模型后,可切换至【布局】环境中创建该实体模型的工程视图结构。本节将介绍基础视图、投影视图、剖视图以及局部放大视图在【布局】环境中的创建方法。

单击绘图区下方的【布局1】或【布局2】选项卡,系统将添加【布局】命令区域,如图9-1所示。

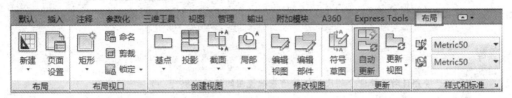

图9-1 【布局】命令区域

9.1.1 基础视图

基础视图是三维实体模型转换为工程视图的第一个投影视图,也可以理解为机械制图中的主视图。

打开光盘文件"素材与结果文件\第9章\素材文件\9-1.dwg",如图9-2左图所示;使用【从模型空间】命令创建出实体的基础视图。

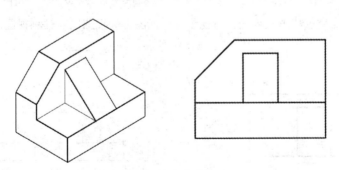

图9-2 创建基础视图

步骤01 在【创建视图】工具组中展开【基点】命令列表,单击【从模型空间】命令按钮 。

步骤02 定义视图投影方位。在【方向】区域中选择【前视】选项为基础视图的投影方位,如图9-3所示。

步骤03 定义视图显示比例。在【外观】区域中选择【1:1】选项为基础视图的显示比例,如图9-4所示。

图9-3 定义实体投影方位

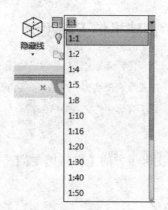

图9-4 定义视图显示比例

温馨提示

系统一般会自动选择适合的比例值作为基础视图的显示比例。

步骤04 定义视图放置点。选择绘图区中任意一点作为视图的放置点，再连续两次按下空格键完成基础视图的创建。

9.1.2 投影视图

使用【投影】命令可以以创建的视图为参考对象，创建其他方位上的投影视图。在机械制图中投影视图一般有左视图、右视图、俯视图、仰视图等。

打开光盘文件"素材与结果文件\第9章\素材文件\9-2.dwg"，如图9-5左图所示；使用【投影】命令创建出左视图、右视图、俯视图、仰视图以及轴测视图。

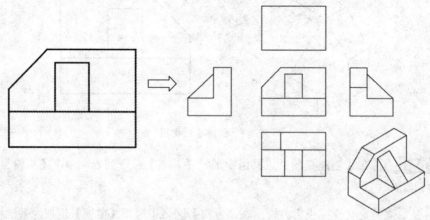

图9-5 创建投影视图

步骤01 在【创建视图】工具组中单击【投影】命令按钮圖。

步骤02 定义父视图。选择已创建的基础视图为投影视图的父视图。

步骤03 定义投影视图方位。移动十字光标，分别在父视图的正右方、正左方、正上方、正下方以及右下方选择任意一点作为视图的放置点，再按下空格键完成投影视图的创建。

9.1.3 剖视图

剖视图是使用指定的剖切面将实体模型进行切除后，再将其进行投影操作得到的结构视图。在【创建视图】工具组中展开【截面】命令列表，可选择相应的剖视图创建命令，如图9-6所示。

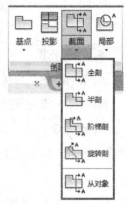

1．全剖视图

全剖视图是使用剖切平面将机件完全剖开后得到的视图，它能完整表达出机件的内部结构。

打开光盘文件"素材与结果文件\第9章\素材文件\9-3.dwg"，如图9-7左图所示；使用【全剖】命令创建出全剖视图。

图9-6 【截面】命令列表

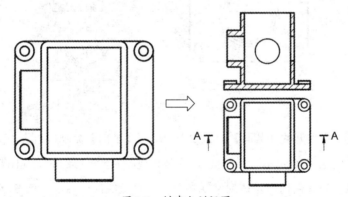

图9-7 创建全剖视图

步骤01 在展开的【截面】命令列表中单击【全剖】命令按钮📐。

步骤02 定义父视图。选择已创建的基础视图为全剖视图的父视图。

步骤03 定义剖切线。捕捉父视图左侧垂直直线的中点，再向左移动十字光标，系统将显示出捕捉参考线；在捕捉参考线上选择两点作为剖切线的起点和端点，如图9-8所示；按下空格键完成剖切线的定义。

步骤04 定义剖视图放置点。向父视图的正上方移动十字光标，选择任意一点作为剖视图的放置点，再按下空格键完成剖视图的创建。

温馨提示

绘制全剖视图的剖切线时，需要捕捉到剖切结构的几何中心点。

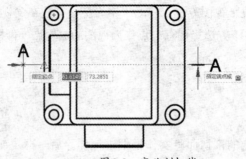

图9-8　定义剖切线

2. 半剖视图

针对对称的机件结构，可以对称平面为参考边界，一半绘制为剖视图，另一半绘制为一般视图，将这种视图称为半剖视图。

打开光盘文件"素材与结果文件\第9章\素材文件\9-4.dwg"，如图9-9左图所示；使用【半剖】命令创建出半剖视图。

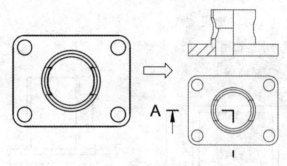

图9-9　创建半剖视图

步骤01 在展开的【截面】命令列表中单击【半剖】命令按钮。

步骤02 定义父视图。选择已创建的基础视图为半剖视图的父视图。

步骤03 定义剖切线。捕捉父视图左侧垂直直线的中点，再向左移动十字光标，选择延长参考线上的一点为剖切线的起点；捕捉圆心点为剖切线的转折点，向下移动十字光标，选择延长参考线上的一点为剖切线的端点，完成半剖视图剖切线的定义，如图9-10所示。

步骤04 定义半剖视图放置点。向父视图的正上方移动十字光标，选择任意一点作为剖视图的放置点，再按下空格键完成半剖视图的创建。

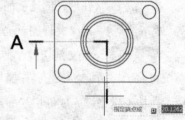

图9-10　定义剖切线

9.1.4　局部放大视图

局部放大视图是将指定的部分结构用大于原视图的比例来表达的视图。

在【创建视图】工具组中展开【局部】命令列表，可选择相应的局部视图创建命令，如图9-11所示。

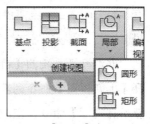

打开光盘文件"素材与结果文件\第9章\素材文件\9-5.
dwg",如图9-12左图所示;使用【圆形局部视图】命令创建
出半剖视图。

步骤01 在展开的【局部】命令列表中单击【圆形】
命令按钮。

图9-11 【局部】命令列表

步骤02 定义父视图。选择已创建的全剖视图为局部放大视图的父视图。

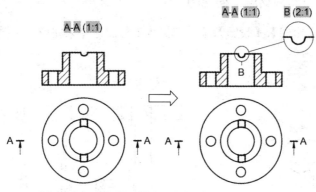

图9-12 创建局部放大视图

步骤03 定义局部放大视图。在【模型边】区域中选择【平滑带连接线】为局
部视图的边框样式,在父视图上绘制一个自定大小的圆形,如图9-13所示;移动十字光
标,选择绘图区任意位置上的一点为视图的放置点,完成局部放大视图的创建。

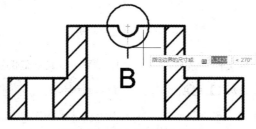

图9-13 定义视图放大范围

技能拓展

在定义视图放置点前,可在【模型边】区域中设置局部放大视图的边框显示
方式。另外,可在【外观】区域中设置视图线型的显示方式与比例。

9.1.5 更新视图

使用AutoCAD将三维实体模型转换为二维工程视图后,其视图都将与三维实体模型

有参数关联。当三维实体模型被修改后，其基础视图、
投影视图、剖视图等二维工程视图都将被自动修改。

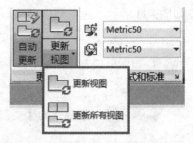

取消激活系统的【自动更新】命令后，可通过展
开【更新视图】命令列表，选择【更新视图】和【更
新所有视图】命令来完成工程视图的手动更新，如图
9-14所示。

图9-14　手动更新视图命令

课堂范例——转换支座工程视图

使用【从模型空间】、【投影】、【全剖】等工程图命令来完成支座模型的视图转换，
如图9-15所示。

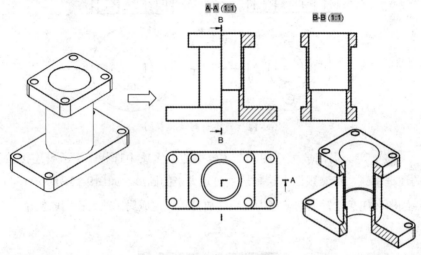

图9-15　支座工程视图

步骤01　打开光盘文件"素材与结果文件\第9章\课堂范例\支座模型.dwg"。

步骤02　单击【布局1】选项卡，进入布局设计环境。

步骤03　在展开的【基点】命令列表中单击【从模型空间】命令按钮。

步骤04　在【方向】区域中选择【前视】选项为基础视图的投影方位，在【外
观】区域中选择【可见线】为基础视图的线型显示方式，选择【1:1】选项为基础视图的
显示比例。

步骤05　选择绘图区中任意一点为视图的
放置点，完成基础视图的创建，如图9-16所示。

步骤06　在展开的【截面】命令列表中单
击【半剖】命令按钮，选择已创建的基础视图
为半剖视图的父视图，创建如图9-17所示的半剖
主视图。

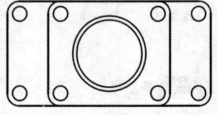

图9-16　创建基础视图

步骤07 在展开的【截面】命令列表中单击【全剖】命令按钮🔲，选择半剖主视图为父视图，创建如图9-18所示的全剖左视图。

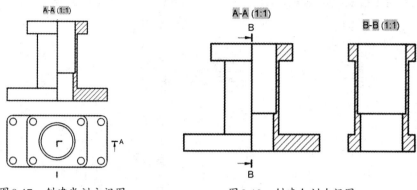

图9-17 创建半剖主视图   图9-18 创建全剖左视图

步骤08 在【创建视图】工具组中单击【投影】命令按钮🔲，选择半剖主视图为父视图，选择父视图左下角任意一点为轴测视图的放置点，完成半剖轴测视图的创建；选择半剖轴测视图，再将其水平移动至全剖左视图的正下方。

9.2 机械工程视图的编辑

在创建基础视图时，可在【工程视图创建】命令区域中设置视图的投射方向、边线显示方式、视图显示比例等参数。

以父视图为参考对象而创建的投影视图、剖视图、局部放大视图，系统都将默认使用父视图的基本参数。如需对指定的视图进行修改操作，则要单独激活该视图并在【工程视图编辑器】中设置新的创建参数。

9.2.1 边线显示方式

双击已创建的投影视图，系统将快速激活该视图并添加【工程视图编辑器】命令区域。在【外观】工具组中展开线型显示命令列表，可选择【可见线】、【可见线和隐藏线】、【带可见线着色】、【带可见线和隐藏线着色】几种选项，如图9-19所示。

图9-19 轮廓线显示方式

9.2.2 视图显示比例

激活指定工程视图并在【工程视图编辑器】命令区域的【外观】工具组中展开比例
列表，可使用系统提供的视图比例值，如图9-20所示。

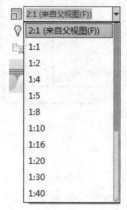

图9-20　视图显示比例列表

9.2.3 视图显示方式

双击已创建的剖视图，系统将激活剖视图并添加【截面
视图编辑器】命令区域。在【方式】工具组中展开截面深度列
表，可选择【完整】、【切片】、【距离】3种剖视图显示方式，
如图9-21所示。

图9-21　剖视图显示方式

- 完整：使用【完整】方式显示剖视图时，将显示出剖
视图的所有轮廓投影线以及剖面结构边线。
- 切片：使用【切片】方式显示剖视图时，将只显示出剖面结构边线。
- 距离：使用【距离】方式显示剖视图时，将只显示出指定范围内的轮廓投影线和
剖面结构边线。

9.2.4 设置注释符号

使用AutoCAD创建剖视图的过程中，系统将自动使用A～Z
的字母来定义剖面标识符，同时用户也可在【注释】工具组中的
标识符文本框中重定义当前剖视图的标识符，如图9-22所示。

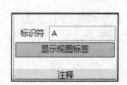

图9-22　设置标识符

👤 课堂问答

本章介绍了三维实体转换二维工程视图的常用命令，演示了AutoCAD转换工程视图

的基本思路与操作方法。下面将列出一些常见的问题供读者学习参考。

问题❶：工程视图的转换一般在什么工作环境下进行？

答：使用AutoCAD绘制二维结构图形和三维实体模型都将在【模型】环境下进行，而转换工程图则需要切换至【布局】环境下。

问题❷：创建投影视图的基本流程有哪些？

答：在创建投影视图前，首先需要选定投影视图的参考父视图，其次需要指定投影视图的放置方位与定位基点。

问题❸：创建剖视图应怎样精确定位剖切线？

答：绘制剖视图的剖切线时，首先应灵活使用AutoCAD的特征点捕捉功能来定位剖切线的基本位置，其次使用参考延长线可调整剖切线端点的位置。

🖼 上机实战——转换阀盖机械工程视图

为巩固本章所讲解的内容，下面将以阀盖零件模型为例综合演示本章所阐述的工程视图转换方法。

转换阀盖机械工程视图的效果展示如图9-23所示。

效果展示

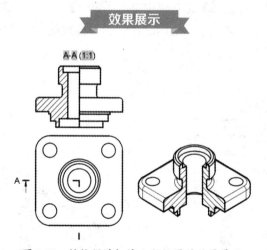

A-A (1:1)

图9-23 转换阀盖机械工程视图的效果展示

思路分析

转换阀盖机械工程视图的操作过程中将演示基础视图、半剖视图、轴测视图的创建方法。其主要有以下基本步骤。

- 使用AutoCAD实体造型命令创建出阀盖零件模型。
- 创建基础视图。
- 创建半剖视图。
- 创建轴测视图。

制作步骤

步骤01   使用三维实体造型命令创建出阀盖零件模型结构，如图9-24所示。

步骤02   在展开的【基点】命令列表中单击【从模型空间】命令按钮 。

步骤03   选择【前视】选项为基础视图的投影方位，选择【可见线】为基础视图的线型显示方式，选择【1:1】选项为基础视图的显示比例，创建如图9-25所示的基础视图。

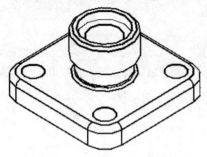

图9-24   创建三维实体模型

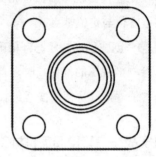

图9-25   创建基础视图

步骤04   在展开的【截面】命令列表中单击【半剖】命令按钮 ，选择已创建的基础视图为半剖视图的父视图，创建如图9-26所示的半剖主视图。

步骤05   在【创建视图】工具组中单击【投影】命令按钮 ，选择半剖主视图为父视图，选择父视图右下角任意一点为轴测视图的放置点，完成半剖轴测视图的创建，如图9-27所示。

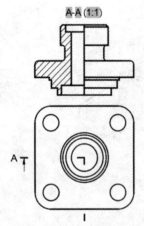

图9-26   创建半剖视图

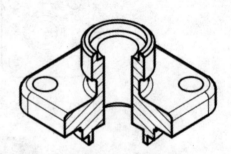

图9-27   创建轴测视图

同步训练——转换泵盖机械工程视图

转换泵盖机械工程视图的图解流程如图9-28所示。

图解流程

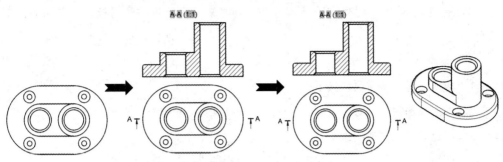

图 9-28 转换泵盖机械工程视图的图解流程

思路分析

在本例中将使用【从模型空间】命令来完成俯视图、轴测视图的创建，使用【全剖】命令来完成全剖主视图的创建。

关键步骤

步骤01 使用三维实体造型命令创建出泵盖零件模型结构。

步骤02 执行【从模型空间】命令并使用【俯视】视角创建出泵盖的基础视图，如图9-29所示。

步骤03 执行【全剖】命令创建出泵盖的全剖主视图，如图9-30所示。

步骤04 执行【从模型空间】命令并使用【东北等轴测】视角创建出泵盖的轴测视图，如图9-31所示。

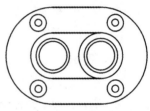

图 9-29 创建基础视图

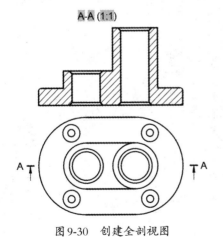

图 9-30 创建全剖视图

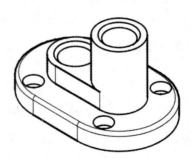

图 9-31 创建等轴测视图

知识与能力测试

本章讲解了转换工程视图的基本方法，为对知识进行巩固和考核，布置相应的练习题。

一、填空题

1. 转换工程视图需要切换至_____环境。

2. 以主视图为参考对象，创建左视图、俯视图等方位视图一般将使用_____命令。

3. 创建局部放大视图主要有_____和_____两个命令。

4. 使用_____和_____两种方式可对当前视图进行数据更新操作。

二、选择题

1. 下列哪个命令是使用多个平行剖切面来创建剖视图？（　　）

　　A.【全剖】　　　　B.【半剖】　　　　C.【阶梯剖】　　　D.【旋转剖】

2. 下面哪个命令常用于对称结构剖视图的创建？（　　）

　　A.【全剖】　　　　B.【半剖】　　　　C.【阶梯剖】　　　D.【旋转剖】

3. 下列哪个命令可创建细节更为清晰的局部结构视图？（　　）

　　A.【全剖】　　　　B.【半剖】　　　　C.【阶梯剖】　　　D.【局部】

4. 使用哪种显示方式可只显示剖视图的剖面结构边线？（　　）

　　A.【完整】　　　　B.【切片】　　　　C.【距离】　　　D.【局部】

三、简答题

1. 绘制剖切线有哪些技巧？

2. 怎样设置工程视图的显示比例？

3. 工程视图的边线显示主要有几种方式？

AutoCAD
2016

第10章
盘盖与支架类零件
综合案例

本章讲解盘盖与支架类零件图样绘制的综合案例。

盘盖类零件一般为回转体或扁平盘状的结构体,它是机械加工中的典型零件之一,其主要用于箱体的两端支撑孔,起到支撑传动轴和密封箱体的功能。盘盖零件一般有阀盖、端盖、活塞、箱盖、法兰盘等常见零部件。

支架类零件一般为固定支撑结构几何体,其主要用于连接和支撑其他零件的作用。支架类零件一般有固定支架、弧形连杆、转轴支架、导向支架等常见零部件。

学习目标

- 熟悉机械图样的绘制顺序
- 熟悉 AutoCAD 视图投影法的应用
- 掌握盘盖类零件的基本绘制思路
- 掌握支架类零件的基本绘制思路

10.1 传动箱盖

传动箱盖是常见的机械零件，一般由铸造方式得到零件基础毛坯，再通过精加工来完成零件的最终制造。在本案例的绘制过程中，需要重点注意安装孔特征在视图上的投影技巧，结果如图10-1所示。

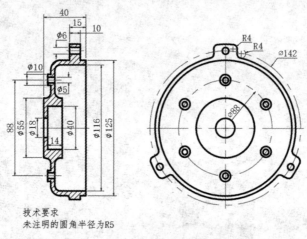

技术要求
未注明的圆角半径为R5

图 10-1 传动箱盖

10.1.1 绘制箱盖主视图

在传动箱盖零件的绘制过程中，首先应确定箱盖主视图的投影方位。按照机械制图的一般原则，应首先选择最能反映出箱盖基本轮廓形状的投影视图为主视图。

步骤01 使用光盘文件"素材与结果文件"文件夹中的GB标准样板文件，新建图形文件。

步骤02 将【中心线】图层设置为当前图层，单击【构造线】按钮✍，分别绘制一条水平构造线和一条垂直构造线；单击【圆心、半径】按钮◎，捕捉构造线的交点，分别绘制直径为88、142的两个同心圆形，如图10-2所示。

步骤03 将【轮廓线】图层设置为当前图层，单击【圆心、半径】按钮◎，捕捉构造线的交点，分别绘制直径为18、55、125、132、154的同心圆形，如图10-3所示。

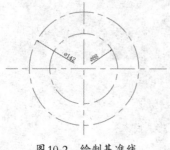

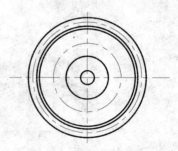

图 10-2 绘制基准线

图 10-3 绘制同心圆

步骤04 单击【偏移】按钮📐，将垂直基准构造线分别向左右偏移11，再将偏移构造线匹配至【轮廓线】图层，如图10-4所示。

步骤05 单击【圆心、半径】按钮⊙，捕捉基准圆形与垂直基准构造线的交点为圆心，绘制直径为6的圆形；单击【修剪】按钮⊬，完成构造线与相交圆形的修剪；单击【圆角】按钮◻，创建半径为4的圆角曲线，如图10-5所示。

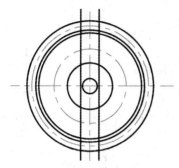

图10-4 特性匹配偏移构造线

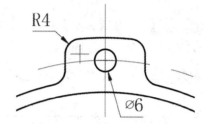

图10-5 创建圆弧、圆形结构

步骤06 单击【环形阵列】按钮▦，将安装孔特征的圆弧、圆形结构进行环形阵列操作，如图10-6所示。

步骤07 单击【圆心、半径】按钮⊙，捕捉内侧基准圆形与基准构造线的交点，绘制半径为2.5和5的同心圆形；单击【环形阵列】按钮▦，将同心圆形环形阵列操作，如图10-7所示。

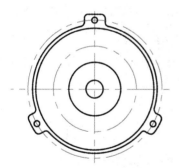

图10-6 环形阵列圆弧结构

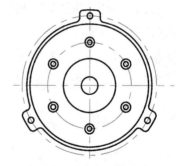

图10-7 创建环形阵列圆形

10.1.2 绘制右全剖视图

绘制箱盖右全剖视图前应先绘制出右视图的基本外形轮廓，再使用【构造线】命令投影出各特征的结构轮廓，完成右视图的绘制，最后绘制出剖面轮廓结构并创建剖面线。

步骤01 单击【构造线】按钮☑，捕捉主视图上的特征点，绘制6条水平构造线；单击【偏移】按钮📐，在主视图左侧绘制如图10-8所示的4条垂直构造线。

步骤02 单击【修剪】按钮⊬，完成右视图基础轮廓的绘制，如图10-9所示。

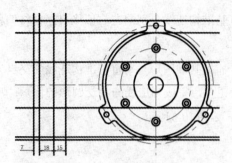

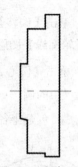

图 10-8 绘制投影构造线   图 10-9 修剪图形

步骤03   单击【偏移】按钮🔧，将右视图右侧垂直直线向左偏移5；单击【构造线】按钮，捕捉主视图上的圆形上下象限点，绘制两条水平构造线，如图 10-10 所示。

步骤04   单击【修剪】按钮，完成右视图外形轮廓结构的绘制，如图 10-11 所示。

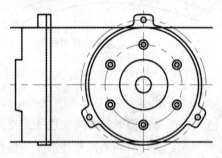

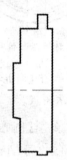

图 10-10 绘制投影构造线   图 10-11 修剪图形

步骤05   单击【偏移】按钮，将右视图右侧垂直直线向左偏移22和29，将水平基准构造线向上下偏移27和58，如图 10-12 所示。

步骤06   单击【修剪】按钮，完成偏移直线与构造线的修剪；单击【圆角】按钮，创建半径为3、5和9的圆角曲线，如图 10-13 所示。

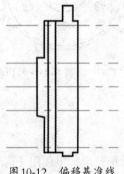

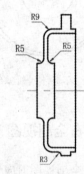

图 10-12 偏移基准线   图 10-13 创建圆角曲线

步骤07   单击【偏移】按钮，将水平基准构造线向上下各偏移20；单击【构造线】按钮，捕捉主视图上内侧圆形的上下象限点，绘制两条水平构造线，如图 10-14 所示。

步骤08　单击【偏移】按钮，将右视图左侧垂直直线向右偏移4；单击【修剪】按钮，完成剖视孔特征轮廓结构的绘制，如图10-15所示。

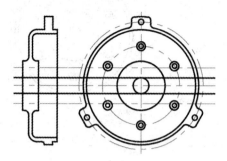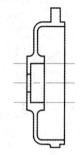

图10-14　绘制投影构造线　　　　　图10-15　创建剖面孔结构

步骤09　使用上述的水平投影思路，完成其他6个安装孔特征在右剖视图上投影轮廓结构的绘制。

步骤10　将【细实线】图层设置为当前图层，单击【图案填充】按钮，选择【ANSI31】为当前的图案填充样式，设置图案倾斜角度为0°，设置显示比例为0.7，完成右剖视图剖面线的创建，如图10-16所示。

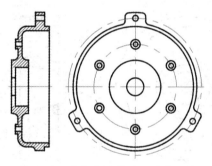

图10-16　完成传动箱盖视图的绘制

10.1.3 标注零件尺寸

箱体零件的尺寸标注一般应首先标注出零件的基本外形轮廓尺寸，再标注出各安装孔特征的定位、定形尺寸，最后标注出其他特征的加工尺寸。

步骤01　单击【线性】按钮，在剖视图上标注出零件的垂直高度与水平宽度等基本外形尺寸。

步骤02　单击【线性】按钮，再激活【多行文字】子命令，标注出孔特征的直径尺寸，如图10-17所示。

步骤03　单击【半径】按钮，在主视图上标注出圆角曲线的半径尺寸；单击【直径】按钮，在主视图上标注出基准圆形的直径尺寸；单击【多行文字】按钮，在视图下方创建出技术要求的注释文字，如图10-18所示。

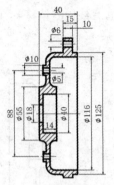

图 10-17　标注剖视图尺寸

技术要求
未注明的圆角半径为R5

图 10-18　标注直/半径尺寸与注释文字

10.2　气缸活塞

气缸活塞是常见的盘盖零件之一，它是在气缸内进行直线往复运动的圆筒形金属零件。气缸活塞多为铝合金或不锈钢材质，如为铝合金材质时一般为镁铝合金。在本案例的绘制过程中，应注意凹槽特征、锥形孔特征的剖面结构投影，结果如图10-19所示。

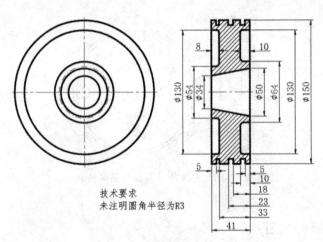

技术要求
未注明圆角半径为R3

图 10-19　气缸活塞

10.2.1　绘制活塞主视图

活塞零件均为圆盘外形结构，因此主视图方位应为最能反映其圆形外观的投影视图。绘制主视图时应注意在【虚线】图层上绘制出锥形孔的隐藏轮廓线。

步骤01　使用光盘文件"素材与结果文件"文件夹中的GB标准样板文件，新建图形文件。

步骤02　将【中心线】图层设置为当前图层，单击【构造线】按钮，分别绘制一条水平构造线和一条垂直构造线；单击【圆心、半径】按钮，分别捕捉构造线的交点，分别绘制直径为34、50、64、130和150的5个同心圆形，如图10-20所示。

步骤03 将【虚线】图层设置为当前图层，单击【圆心、半径】按钮◎，分别捕捉构造线的交点，绘制直径为54的圆形，如图10-21所示。

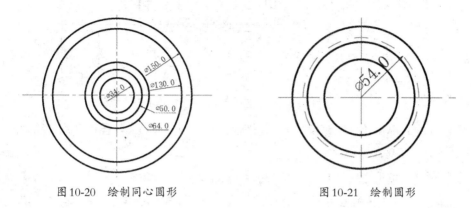

图10-20 绘制同心圆形　　　　　　图10-21 绘制圆形

10.2.2 绘制左全剖视图

绘制气缸活塞的左全剖视图，首先应使用【构造线】命令投影出左视图的基本轮廓形状，再逐步投影出凹槽特征、锥形孔特征的结构轮廓线，最后在【细实线】图层上创建出剖视图的剖面线。

步骤01 将【轮廓线】图层设置为当前图层，单击【构造线】按钮☑，绘制如图10-22所示的两条水平和垂直构造线。

步骤02 单击【偏移】按钮◉，将左视图水平直线向下偏移5，将右侧垂直直线向左偏移5、10、18、23、33、36，如图10-23所示。

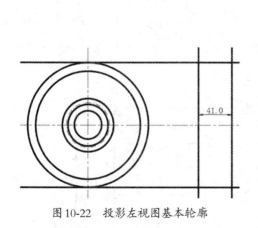

图10-22 投影左视图基本轮廓

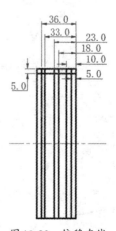

图10-23 偏移直线

步骤03 单击【修剪】按钮✂，完成左视图外形轮廓的修剪，如图10-24所示。

步骤04 单击【构造线】按钮☑，捕捉主视图上内侧两圆形的象限点，绘制4条水平构造线，如图10-25所示。

图10-24 修剪图形

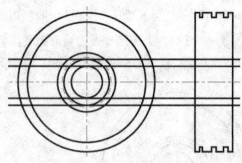

图10-25 绘制投影构造线

步骤05 单击【直线】按钮✍，分别捕捉水平构造线与左视图的交点，绘制两条倾斜直线，如图10-26所示。

步骤06 单击【偏移】按钮▣，将左视图右侧垂直直线向左偏移10；单击【构造线】按钮✍，捕捉主视图上两圆形的象限点，绘制4条水平构造线，如图10-27所示。

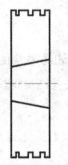

图10-26 绘制倾斜直线

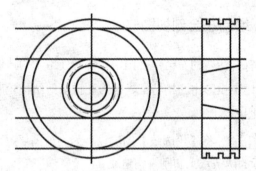

图10-27 绘制投影构造线

步骤07 单击【修剪】按钮✂，完成偏移直线与构造线的修剪操作；单击【圆角】按钮▢，创建半径为3的圆角曲线，如图10-28所示。

步骤08 单击【偏移】按钮▣，将左视图左侧垂直直线向右偏移8；单击【构造线】按钮✍，捕捉主视图上轮廓圆形与虚线圆形的象限点，绘制4条水平构造线，如图10-29所示。

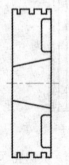

图10-28 修剪、圆角图形

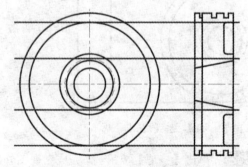

图10-29 绘制投影构造线

步骤09 单击【修剪】按钮✂，完成偏移直线与构造线的修剪操作；单击【圆角】按钮□，创建半径为3的圆角曲线，如图10-30所示。

步骤10　将【细实线】图层设置为当前图层，单击【图案填充】按钮▨，选择【ANSI31】为当前的图案填充样式，设置图案倾斜角度为0°，设置显示比例为1，完成剖视图剖面线的创建，如图10-31所示。

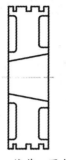

图10-30　修剪、圆角图形

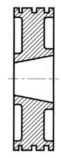

图10-31　创建剖面线

10.2.3　标注零件尺寸

根据标注集中原则，活塞零件的尺寸标注基本上都是在左全剖视图上来完成。首先，标注出活塞的基本外形尺寸，再逐步对各特征进行定位、定形的尺寸标注。

步骤01　单击【线性】按钮ᆸ，在剖视图上标注出活塞厚度尺寸41；再次单击【线性】按钮ᆸ，激活【多行文字】子命令，标注出活塞外形直径尺寸φ150。

步骤02　单击【线性】按钮ᆸ，分别标注出各凹槽特征的深度尺寸；再次单击【线性】按钮ᆸ，激活【多行文字】子命令，标注出凹槽特征、锥形孔特征端口直径尺寸，如图10-32所示。

步骤03　单击【多行文字】按钮Ａ，在剖视图下方创建出技术要求的注释文字，如图10-33所示。

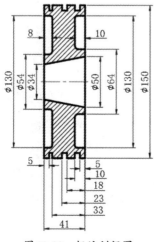

图10-32　标注剖视图

技术要求
未注明圆角半径为R3

图10-33　创建注释文字

10.3 固定支架

固定支架是限制其他零件位移、旋转的一种支架形式，它主要用于管道支撑结构、轴支撑结构的安装与定位，防止管道零件在受力后发生相对位移。在本案例的绘制过程中，应注意视图的绘制顺序与特征的投影技巧，结果如图10-34所示。

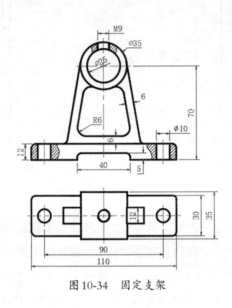

图 10-34   固定支架

10.3.1 绘制主视图基础轮廓

固定支架的主要作用是定位其他零件，因此主视图应选择最能反映其功能特点的投影视图。

步骤01   使用光盘文件"素材与结果文件"文件夹中的GB标准样板文件，新建图形文件。

步骤02   将【中心线】图层设置为当前图层，单击【构造线】按钮，分别绘制一条水平构造线和一条垂直构造线。

步骤03   将【轮廓线】图层设置为当前图层，单击【圆心、半径】按钮，捕捉构造线的交点，分别绘制半径为12.5和17.5的两个同心圆形；单击【偏移】按钮，将水平基准构造线向下偏移58、70，将垂直基准构造线向左右偏移55；单击【特性匹配】按钮，将偏移的基准构造线匹配至【轮廓线】图层，如图10-35所示。

步骤04   单击【修剪】按钮，将相交构造线的外侧部分修剪删除；单击【偏移】按钮，将垂直基准构造线向左偏移28；单击【直线】按钮，捕捉两构造线的交点和圆上的切点，绘制一条倾斜直线，如图10-36所示。

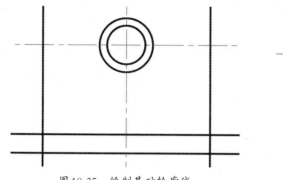

图10-35　绘制基础轮廓线　　　　　　　　　图10-36　绘制倾斜直线

步骤05　单击【偏移】按钮🖑，将倾斜直线向右偏移6，将水平直线向上偏移6；单击【镜像】按钮🔺，将两条倾斜直线进行对称复制，如图10-37所示。

步骤06　单击【圆角】按钮◻，创建半径为6的圆角曲线，如图10-38所示。

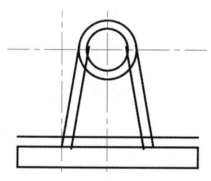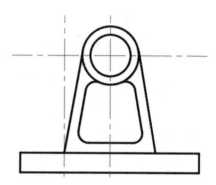

图10-37　偏移、镜像直线　　　　　　　　　图10-38　创建圆角曲线

步骤07　单击【偏移】按钮🖑，将垂直基准构造线向左右偏移20，将底部水平直线向上偏移5；单击【特性匹配】按钮🖽，将偏移的基准构造线匹配至【轮廓线】图层，如图10-39所示。

步骤08　单击【修剪】按钮✂，修剪两偏移的垂直构造线与相交水平直线；单击【圆角】按钮◻，创建6条半径为3的圆角曲线，如图10-40所示。

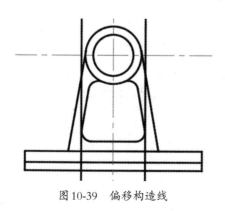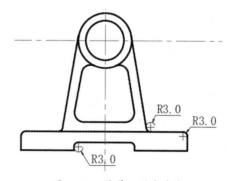

图10-39　偏移构造线　　　　　　　　　　　图10-40　修剪、圆角直线

10.3.2 绘制俯视图

固定支架俯视图的绘制，首先应使用【构造线】命令在主视图上将固定支架的关键特征点进行正投影以计算出俯视图的限位宽度，再逐步投影出固定支架的其他特征，如圆孔、异形孔等。

> 步骤01　单击【构造线】按钮☑，捕捉主视图垂直直线的端点，绘制两条垂直构造线；再次单击【构造线】按钮☑，在主视图下方绘制两条距离为30的水平构造线，如图10-41所示。

> 步骤02　单击【修剪】按钮☑，将4条相交构造线的外侧部分修剪删除。

> 步骤03　单击【构造线】按钮☑，捕捉主视图上圆形的两象限点，绘制两条垂直构造线；单击【偏移】按钮☑，将俯视图上两水平直线分别向上下偏移2.5，如图10-42所示。

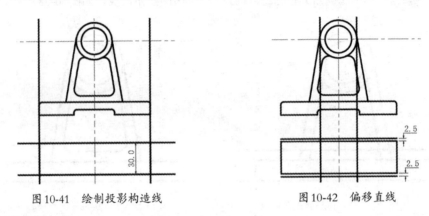

图10-41　绘制投影构造线　　　　　　　图10-42　偏移直线

> 步骤04　单击【修剪】按钮☑，将垂直构造线和与其相交的水平直线进行修剪操作，如图10-43所示。

> 步骤05　单击【构造线】按钮☑，捕捉主视图上倾斜直线的端点，绘制两条垂直构造线；再次单击【构造线】按钮☑，捕捉俯视图上垂直直线的中点，绘制一条水平构造线；单击【偏移】按钮☑，将水平构造线向上下偏移6，如图10-44所示。

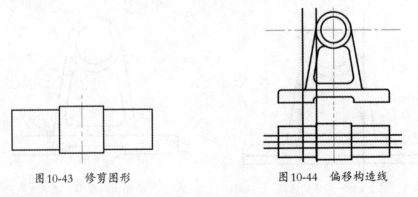

图10-43　修剪图形　　　　　　　　　图10-44　偏移构造线

> 步骤06　单击【修剪】按钮☑，修剪相交的4条构造线；单击【镜像】按钮☑，

将修剪后的直线段进行对称复制，如图10-45所示。

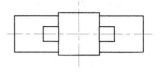

步骤07 单击【偏移】按钮█，将垂直基准构造线向左右偏移45；单击【圆心、半径】按钮◎，分别捕捉基准构造线的交点，绘制直径为8.5和10的圆形，如图10-46所示。

图10-45 修剪图形

步骤08 将【细实线】图层设置为当前图层，单击【圆心、半径】按钮◎，捕捉中心基准构造线的交点，绘制直径为10的圆形；单击【修剪】按钮█，将圆形在第二象限内的圆弧部分修剪删除，如图10-47所示。

步骤09 单击【修剪】按钮█，修剪主视图与俯视图的基准构造线，如图10-48所示。

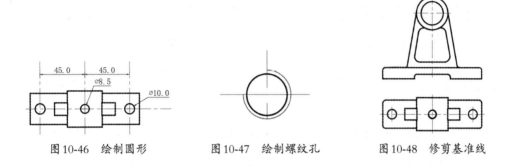

图10-46 绘制圆形　　　图10-47 绘制螺纹孔　　　图10-48 修剪基准线

10.3.3 绘制主视图局部剖视结构

使用【构造线】命令将俯视图上的定位安装孔投影至主视图上，再投影中心螺纹孔特征至主视图上，最后修剪主视图上的特征孔结构轮廓线。

步骤01 将【轮廓线】图层设置为当前图层，单击【构造线】按钮☑，捕捉俯视图上两个圆形的象限点，绘制4条垂直构造线，如图10-49所示。

步骤02 单击【构造线】按钮☑，捕捉俯视图上螺纹孔的象限点4条垂直构造线，如图10-50所示。

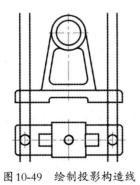

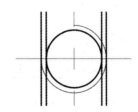

图10-49 绘制投影构造线　　　　　图10-50 绘制投影构造线

步骤03 单击【修剪】按钮█，修剪主视图上的垂直构造线，完成特征孔的绘制，如图10-51所示。

步骤04　将【细实线】图层设置为当前图层，单击【样条曲线】按钮，绘制断裂分割曲线。

步骤05　单击【图案填充】按钮，选择【ANSI31】为当前的图案填充样式，设置图案倾斜角度为0°，设置显示比例为0.5，完成剖面线的创建，如图10-52所示。

图 10-51　修剪图形

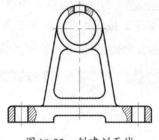

图 10-52　创建剖面线

10.3.4 标注零件尺寸

具有安装定位孔的零部件，一般要先标注出零件的基本定形尺寸，再逐步标注各定位孔的定位尺寸以及定形尺寸。

步骤01　单击【线性】按钮，分别在主视图和俯视图上标注出固定支架的中心高度、长度、宽度、底座高度等外形轮廓尺寸，如图10-53所示。

步骤02　单击【线性】按钮，激活【多行文字】子命令，在主视图上标注出安装孔的直径尺寸，如图10-54所示。

步骤03　单击【直径】按钮，在主视图上标注出定位轴套孔的直径尺寸，如图10-54所示。

步骤04　单击【线性】按钮，分别在主视图和俯视图上标注出凹槽特征的长度、高度尺寸，如图10-54所示。

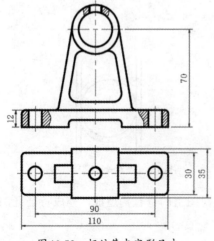

图 10-53　标注基本定形尺寸

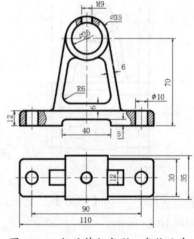

图 10-54　标注特征定形、定位尺寸

10.4 弧形连杆

连杆是连接活塞与曲轴的一种动力传动零件，其主要作用是将活塞的往复运动转换为曲轴的旋转运动，而弧形连杆是能绕过中间其他结构的一种特殊连杆零件。在本案例的绘制过程中，应注意主视图上的相切圆弧在俯视图上的投影表达方法，结果如图10-55所示。

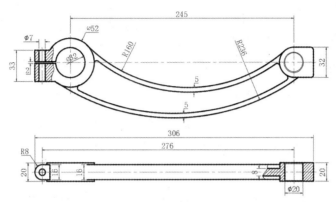

图 10-55 弧形连杆

10.4.1 绘制主视图基本轮廓

在绘制弧形连杆主视图的过程中，应重点注意参考基准线的运用、相切圆弧的绘制方法以及修剪模式的切换。

步骤01 使用光盘文件"素材与结果文件"文件夹中的GB标准样板文件，新建图形文件。

步骤02 单击【构造线】按钮，分别绘制一条水平构造线和一条垂直构造线；单击【偏移】按钮，将垂直构造线向右偏移245；将【轮廓线】图层设置为当前图层，单击【圆心、半径】按钮，捕捉基准构造线的交点，分别绘制直径为32、52的圆形，如图10-56所示。

步骤03 单击【相切、相切、半径】按钮，绘制相切于两圆形且半径为165的圆形，如图10-57所示。

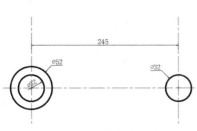

图 10-56 绘制基准线与圆形

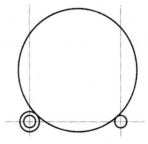

图 10-57 绘制相切圆形

步骤04 单击【相切、相切、半径】按钮◎，绘制相切于两圆形且半径为236的圆形，如图10-58所示。

步骤05 单击【修剪】按钮┬，完成两相切圆形的修剪操作，如图10-59所示。

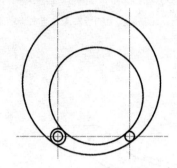

图10-58 绘制相切圆形

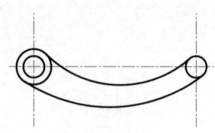

图10-59 修剪图形

步骤06 单击【偏移】按钮▣，将水平基准构造线分别向上下偏移13、19，将垂直基准构造线向左偏移39；单击【特性匹配】按钮▣，将偏移的基准构造线匹配至【轮廓线】图层，如图10-60所示。

步骤07 单击【修剪】按钮┬，修剪相交的偏移构造线与圆形，如图10-61所示。

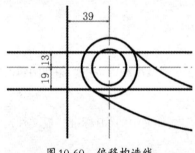

图10-60 偏移构造线

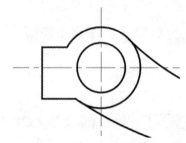

图10-61 修剪图形

步骤08 单击【偏移】按钮▣，将水平基准构造线分别向上下偏移1；单击【特性匹配】按钮▣，将偏移的基准构造线匹配至【轮廓线】图层，如图10-62所示。

步骤09 单击【修剪】按钮┬，修剪偏移构造线、垂直直线与圆形，如图10-63所示。

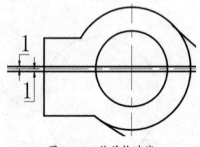

图10-62 偏移构造线

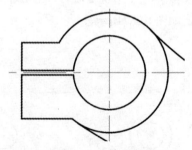

图10-63 修剪图形

步骤10　单击【偏移】按钮，将水平基准构造线分别向上下偏移16，将垂直基准构造线向右偏移22；单击【特性匹配】按钮，将偏移的基准构造线匹配至【轮廓线】图层，如图10-64所示。

步骤11　单击【修剪】按钮，修剪3条偏移构造线与圆形，如图10-65所示。

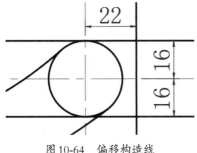

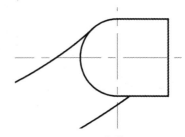

图 10-64　偏移构造线　　　　　　　　　　　图 10-65　修剪图形

步骤12　单击【圆心、半径】按钮，捕捉基准构造线的交点，绘制直径为20和22的两个同心圆形；单击【圆角】按钮，创建半径为3的圆角曲线，如图10-66所示。

步骤13　单击【偏移】按钮，将两条相切圆弧向内侧偏移5；单击【圆角】按钮，使用【不修剪】模式创建半径为3的圆角曲线，如图10-67所示。

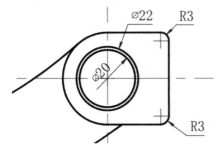

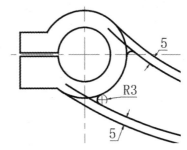

图 10-66　绘制圆形与圆角曲线　　　　　　　图 10-67　偏移与圆角曲线

步骤14　单击【修剪】按钮，修剪两条偏移的圆弧曲线，如图10-68所示。

步骤15　单击【圆角】按钮，创建半径为3的圆角曲线，如图10-69所示。

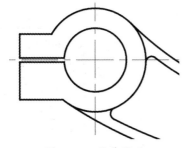

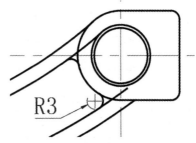

图 10-68　修剪图形　　　　　　　　　　　　图 10-69　圆角曲线

步骤16　单击【修剪】按钮，修剪两条偏移的圆弧曲线，如图10-70所示。

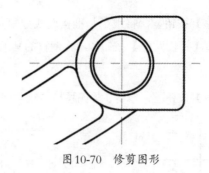

图 10-70   修剪图形

10.4.2   绘制俯视图

弧形连杆俯视图首先采用局部投影的方法来定位视图的基本轮廓，再通过补画、修剪视图结构来完成俯视图的绘制。

步骤01   将【中心线】图层设置为当前图层，单击【构造线】按钮，在主视图下方绘制一条水平构造线；单击【偏移】按钮，将水平构造线分别向上下偏移10；单击【特性匹配】按钮，将偏移的基准构造线匹配至【轮廓线】图层。

步骤02   将【轮廓线】图层设置为当前图层，单击【构造线】按钮，捕捉主视图左侧圆弧的右象限点，绘制一条垂直构造线；单击【偏移】按钮，将垂直构造线向左偏移52，如图10-71所示。

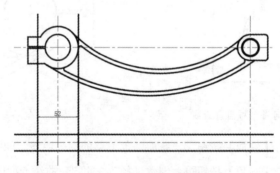

图 10-71   绘制投影构造线

步骤03   单击【构造线】按钮，捕捉主视图右侧圆弧曲线的左象限点，绘制一条垂直构造线，捕捉主视图右侧垂直直线的端点，绘制一条垂直构造线，如图10-72所示。

步骤04   单击【修剪】按钮，修剪俯视图上相交的构造线，如图10-73所示。

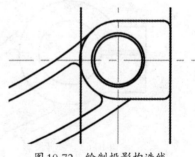

图 10-72   绘制投影构造线

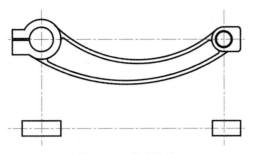

图 10-73 修剪图形

步骤05 单击【构造线】按钮☑，捕捉主视图左侧两圆弧的相切点，绘制一条垂直构造线；单击【偏移】按钮☑，将俯视图水平基准构造线分别向上下偏移8，如图10-74所示。

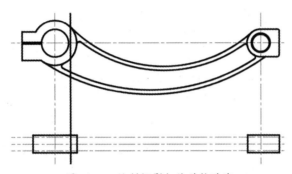

图 10-74 绘制投影与偏移构造线

步骤06 单击【特性匹配】按钮☑，将偏移的基准构造线匹配至【轮廓线】图层；单击【修剪】按钮☑，修剪俯视图上的两条水平构造线，如图10-75所示。

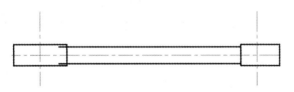

图 10-75 修剪图形

步骤07 单击【构造线】按钮☑，捕捉主视图左侧直线的端点，绘制两条垂直构造线；单击【偏移】按钮☑，将俯视图水平基准构造线分别向上下偏移8，如图10-76所示。

步骤08 单击【特性匹配】按钮☑，将偏移的基准构造线匹配至【轮廓线】图层；单击【修剪】按钮☑，修剪俯视图上4条相交的构造线。

步骤09 单击【相切、相切、半径】按钮☑，绘制相切于直线边且半径为8的圆形；单击【修剪】按钮☑，修剪删除圆形的右侧圆弧部分；单击【圆心、半径】按钮☑，绘制一个半径为4的同心圆形，如图10-77所示。

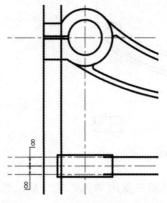

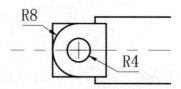

图 10-76　绘制投影与偏移构造线　　　　　　　　　图 10-77　绘制相切圆弧与同心圆

10.4.3 绘制局部剖视结构

通过将俯视图左侧的圆孔特征投影至主视图上，再修剪出主视图上该圆孔的剖切结构轮廓线，以完成主视图上局部剖视图的绘制。通过将主视图右侧的轴孔投影至俯视图上，计算出轴孔的定形特征点，再补画出剖切孔的结构轮廓线，以完成俯视图上局部剖视图的绘制。

> **步骤01**　单击【构造线】按钮，捕捉俯视图左侧圆形的两个象限点，绘制两条垂直构造线，如图 10-78 所示。

> **步骤02**　单击【修剪】按钮，在主视图上修剪两条垂直构造线；将【细实线】图层设置为当前图层，单击【样条曲线】按钮，绘制断裂分割曲线。

> **步骤03**　单击【图案填充】按钮，选择【ANSI31】为当前的图案填充样式，设置图案倾斜角度为 0°，设置显示比例为 0.7，完成剖面线的创建，如图 10-79 所示。

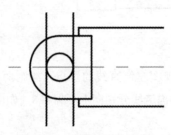

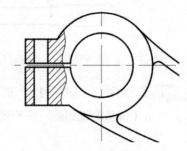

图 10-78　绘制投影构造线　　　　　　　　　　图 10-79　创建剖面线

> **步骤04**　将【轮廓线】图层设置为当前图层，单击【构造线】按钮，捕捉主视图右侧两同心圆形的象限点，绘制 4 条垂直构造线，如图 10-80 所示。

> **步骤05**　单击【偏移】按钮，将俯视图右侧的两条水平直线分别向内侧偏移 1，如图 10-81 所示。

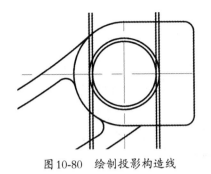

图 10-80　绘制投影构造线

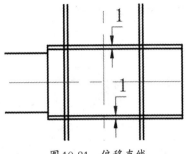

图 10-81　偏移直线

步骤06　单击【直线】按钮⬛，分别捕捉垂直构造线与俯视图上水平直线的交点，绘制连续相接的直线段；单击【删除】按钮⬛，删除4条构造线与两条偏移直线，如图10-82所示。

步骤07　将【细实线】图层设置为当前图层，单击【样条曲线】按钮⬛，在俯视图上绘制断裂分割曲线；单击【偏移】按钮⬛，将俯视图水平基准构造线分别向上下偏移4，如图10-83所示。

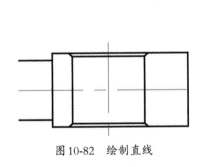

图 10-82　绘制直线

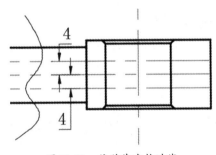

图 10-83　偏移基准构造线

步骤08　单击【特性匹配】按钮⬛，将偏移的基准构造线匹配至【轮廓线】图层；单击【修剪】按钮⬛，修剪俯视图上的样条曲线和偏移构造线。

步骤09　单击【图案填充】按钮⬛，选择【ANSI31】为当前的图案填充样式，设置图案倾斜角度为0°，设置显示比例为0.7，完成剖面线的创建，如图10-84所示。

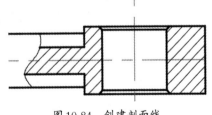

图 10-84　创建剖面线

10.4.4　标注零件尺寸

连杆零件一般需要先标注出装配需要的功能尺寸，再逐步标注出各特征的定形尺寸与定位尺寸。

步骤01　单击【线性】按钮⬛，分别在主视图和俯视图上标注出弧形连杆零件的装配定位尺寸，如图10-85所示。

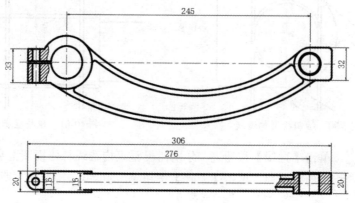

图10-85　标注基本定形尺寸

步骤02　单击【直径】按钮◎，在弧形连杆主视图上标注出弧形结构的半径尺寸；单击【对齐】按钮◥，在弧形连杆主视图上标注出弧形结构的厚度尺寸，如图10-86所示。

步骤03　单击【线性】按钮▤，激活【多行文字】命令，分别在主视图和俯视图上标注出剖切孔的直径尺寸，如图10-86所示。

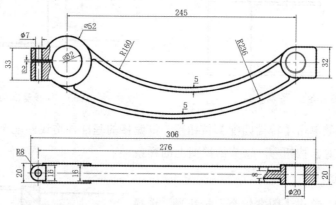

图10-86　标注特征定形、定位尺寸

AutoCAD
2016

本章将详细演示使用 AutoCAD 绘制三维机械零件的设计方法与技巧，综合运用二维结构图形的绘制技巧、空间定位方法以及【并集】、【差集】、【交集】命令在实体造型过程中的基本应用方法。

学习目标

- 熟悉二维结构曲线的绘制技巧
- 掌握二维结构曲线的空间定位方法
- 掌握布尔运算在实体造型中的综合运用技巧

11.1 叉架

本案例将以叉架零件为设计对象，进行AutoCAD三维实体造型的案例演示。在操作演示过程中，应重点注意二维截面曲线的空间定位、并集运算、差集运算以及交集运算的灵活运用，结果如图11-1所示。

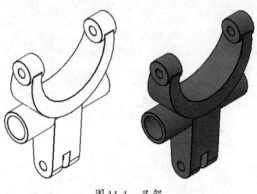

图11-1 叉架

11.1.1 创建叉架弧形结构

叉架零件的弧形结构较为复杂，其主要是通过【交集】命令来完成实体结构的造型。在造型过程中应注意二维截面曲线的绘制技巧与定位方法。

步骤01 使用光盘文件"素材与结果文件"文件夹中的GB标准样板文件，新建图形文件。

步骤02 将【轮廓线】图层设置为当前图层，在左视视角下绘制梯形线段和同心圆形；再执行【合并】命令将直线段进行合并操作，如图11-2所示。

步骤03 单击【拉伸】按钮，选择梯形线段为拉伸实体的截面曲线，指定拉伸距离为90，完成拉伸实体的创建，如图11-3所示。

步骤04 在前视视角下绘制两圆弧和两水平连接直线，再执行【合并】命令将直线段进行合并操作，如图11-4所示。

图11-2 绘制二维截面曲线

步骤05 单击【拉伸】按钮，选择合并的圆弧与直线段图形为拉伸实体的截面曲线，指定拉伸距离为80，完成拉伸实体的创建，如图11-5所示。

步骤06 单击【交集】按钮，分别选择两个相交的实体为交集运算对象，完成交集实体的创建，如图11-6所示。

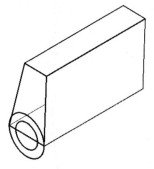

图11-3　创建拉伸实体

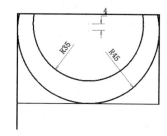

图11-4　绘制二维截面曲线

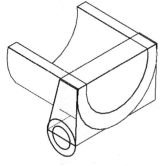

图11-5　创建拉伸实体

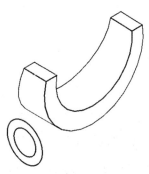

图11-6　实体交集运算

11.1.2 创建叉架主体结构

在叉架主体结构的造型过程中，应重点注意二维截面曲线的空间定位方法，以及【并集】、【差集】命令的运用技巧。

步骤01　单击【拉伸】按钮，选择直径为20的圆形为拉伸实体的截面曲线，指定拉伸距离为120，创建出拉伸实体；再次单击【拉伸】按钮，选择直径为26的圆形为拉伸实体的截面曲线，指定拉伸距离为90，完成拉伸实体的创建，如图11-7所示。

步骤02　捕捉实体边线中点为圆心，绘制一个直径为20的圆形；在正交模式下执行【平移】命令，将圆形向实体外侧移动3，如图11-8所示。

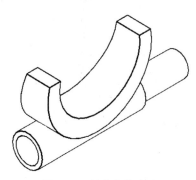

图11-7　创建拉伸实体

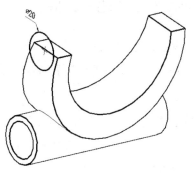

图11-8　绘制与平移圆形

步骤03　　单击【拉伸】按钮，选择绘制的圆形为拉伸实体的截面曲线，指定拉伸距离为15，完成拉伸实体的创建；执行【三维镜像】命令，将拉伸实体对称复制，如图11-9所示；单击【并集】按钮，选择所有相接的实体为并集运算对象，完成实体的合并操作。

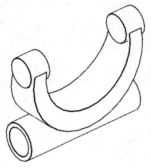

图11-9　　镜像拉伸实体

步骤04　　捕捉实体端面圆心，绘制直径为8的圆形；单击【拉伸】按钮，选择圆形为拉伸实体的截面曲线，指定拉伸距离为120，完成拉伸实体的创建，如图11-10所示。

步骤05　　单击【差集】按钮，分别选择相交的两个实体对象为差集运算对象，求差结果如图11-11所示。

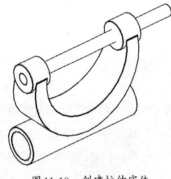

图11-10　　创建拉伸实体

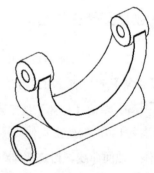

图11-11　　实体差集运算

11.1.3　创建叉架连接结构

在叉架连接结构的造型过程中，应注意二维截面曲线的平移技巧，以及使用【差集】命令创建凹槽特征的基本操作方法。

步骤01　　在左视视角下绘制如图11-12所示的圆弧、相切直线及圆形，再执行【合并】命令将相接的圆弧和直线段进行合并操作。

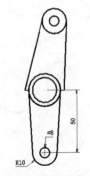

图11-12　　绘制二维截面曲线

步骤02　在正交模式下执行【平移】命令，将绘制的二维截面曲线向实体内侧移动30；单击【拉伸】按钮圆，选择直径为8的圆形为拉伸实体的截面曲线，指定拉伸距离为50，创建出拉伸实体；再次单击【拉伸】按钮圆，选择合并的直线与圆弧曲线为拉伸实体的截面曲线，指定拉伸距离为30，完成拉伸实体的创建，如图11-13所示。

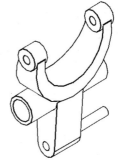

图 11-13　创建拉伸实体

步骤03　单击【差集】按钮圆，分别选择两个拉伸实体对象为差集运算对象，完成实体求差运算；单击【并集】按钮圆，选择所有相接的实体为并集运算对象，完成实体的合并操作，如图11-14所示。

步骤04　在前视视角下绘制如图11-15所示的矩形图形。

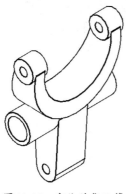

图 11-14　实体差集运算

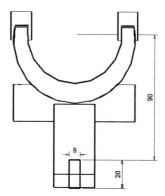

图 11-15　绘制矩形

步骤05　单击【拉伸】按钮圆，选择矩形为拉伸实体的截面曲线，指定拉伸距离为90，完成拉伸实体的创建，如图11-16所示。

步骤06　单击【差集】按钮圆，分别选择相交的实体为差集运算对象，完成实体求差运算，求差结果如图11-17所示。

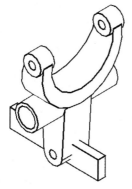

图 11-16　创建拉伸实体

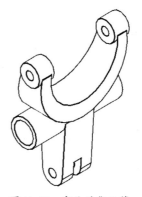

图 11-17　实体差集运算

11.2 阀盖

本案例将以阀盖零件为设计对象，演示AutoCAD三维实体造型的基本技巧。在零件造型过程中，应重点掌握三维造型的基本思路与二维截面曲线的空间定位技巧，结果如图11-18所示。

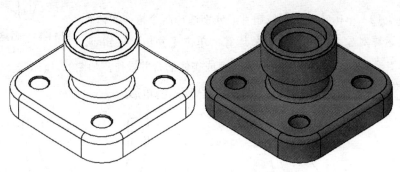

图11-18 阀盖

11.2.1 创建底座结构

阀盖底座实体结构主要由基本的拉伸实体所构成，在拉伸实体的造型过程中应注意实体截面曲线的选择顺序。

步骤01 使用光盘文件"素材与结果文件"文件夹中的GB标准样板文件，新建图形文件。

步骤02 将【轮廓线】图层设置为当前图层，在俯视视角下绘制圆角矩形和中心圆形，如图11-19所示。

步骤03 单击【拉伸】按钮，选择圆形为拉伸实体的截面曲线，指定拉伸距离为25，创建出拉伸实体；再次单击【拉伸】按钮，选择圆角矩形为拉伸实体的截面曲线，指定拉伸距离为13，完成拉伸实体的创建，如图11-20所示。

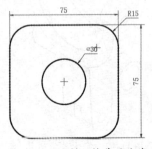

图11-19 绘制二维截面曲线

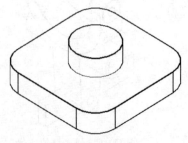

图11-20 创建拉伸实体

步骤04 捕捉拉伸实体端面圆心，绘制直径为38的圆形，如图11-21所示。

步骤05 单击【拉伸】按钮，选择圆形为拉伸实体的截面曲线，指定拉伸距离为15，完成拉伸实体的创建，如图11-22所示。

步骤06 单击【并集】按钮，选择3个相交实体为并集运算对象，完成实体的合并操作；单击【圆角边】按钮，选择实体的两条圆形边线为圆角对象，完成实体的圆角操作，如图11-23所示。

图11-21 绘制圆形

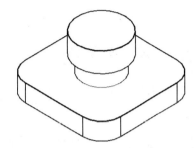
图11-22 创建拉伸实体

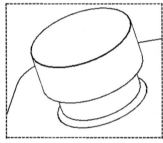
图11-23 实体圆角

11.2.2 创建圆台结构

阀盖的圆台结构主要由3个相交的圆形拉伸实体构成，应重点掌握同心圆形在底座实体平面上的定位方法。

步骤01 在仰视视角下分别绘制直径为40、50、54的同心圆形，如图11-24所示。

步骤02 单击【拉伸】按钮，选择直径为40的圆形为拉伸实体的截面曲线，指定拉伸距离为15，创建出拉伸实体；单击【拉伸】按钮，选择直径为50的圆形为拉伸实体的截面曲线，指定拉伸距离为10，创建出拉伸实体；单击【拉伸】按钮，选择直径为54的圆形为拉伸实体的截面曲线，指定拉伸距离为4，完成拉伸实体的创建，如图11-25所示。

步骤03 单击【并集】按钮，选择所有相交的实体为并集运算对象，完成实体的合并操作。

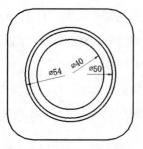

图 11-24　绘制同心圆形

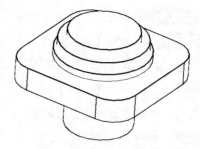

图 11-25　创建拉伸实体

11.2.3 创建凹槽与孔特征

在凹槽和特征孔的造型过程中，应注意相交实体的拉伸方向以及差集运算对象的选取顺序。

步骤01　捕捉拉伸实体的端面圆心，绘制一个直径为20的圆形；单击【拉伸】按钮，选择圆形为拉伸实体的截面曲线，指定拉伸距离为90，完成拉伸实体的创建，如图11-26所示。

步骤02　单击【差集】按钮，分别选择相交的实体为差集运算对象，完成实体求差运算，求差结果如图11-27所示。

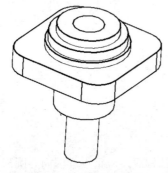

图 11-26　创建拉伸实体

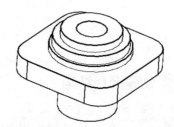

图 11-27　实体差集运算

步骤03　捕捉拉伸实体的端面圆心，绘制一个直径为35的圆形；单击【拉伸】按钮，选择圆形为拉伸实体的截面曲线，指定拉伸距离为8，完成拉伸实体的创建。

步骤04　单击【差集】按钮，分别选择相交的实体为差集运算对象，完成实体求差运算，求差结果如图11-28所示。

步骤05　在西南等轴测视角下，捕捉圆柱体端面圆心，绘制一个直径为28的圆形；单击【拉伸】按钮，选择圆形为拉伸实体的截面曲线，指定拉伸距离为5，完成拉伸实体的创建。

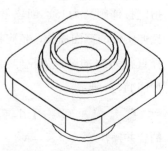

图 11-28　实体差集运算

步骤06 单击【差集】按钮◉，分别选择相交的实体为差集运算对象，完成实体求差运算，求差结果如图11-29所示。

步骤07 将坐标系移动至底座实体平面上，绘制4个直径为10的圆形；单击【拉伸】按钮⬜，选择4个圆形为拉伸实体的截面曲线，指定拉伸距离为50，完成拉伸实体的创建，如图11-30所示。

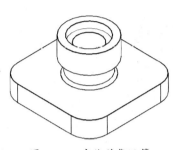

图11-29 实体差集运算

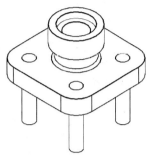

图11-30 创建拉伸实体

步骤08 单击【差集】按钮◉，分别选择5个相交的实体为差集运算对象，完成实体求差运算。

11.2.4 创建倒角与圆角特征

在倒角特征与圆角特征的创建过程中，应注意倒角距离、圆角半径的重定义方法。其中，还应重点掌握链选取方式的应用方法。

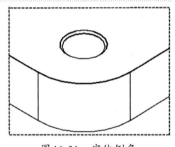

图11-31 实体倒角

步骤01 单击【倒角边】按钮⬜，设置两倒角距离为0.5，选择圆孔特征的4条边线为倒角对象，完成实体倒角特征的创建，如图11-31所示。

步骤02 单击【倒角边】按钮⬜，设置两倒角距离为1，选择圆台特征的边线为倒角对象，完成实体倒角特征的创建，如图11-32所示。

步骤03 单击【圆角边】按钮⬜，使用【链】方式选择底座实体边线为圆角对象，并设置圆角半径为2.5，完成实体圆角特征的创建，如图11-33所示。

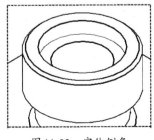

图11-32 实体倒角

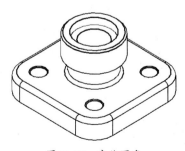

图11-33 实体圆角

11.3 虎钳钳身

本案例将以虎钳钳身为设计对象，综合运用了二维图形结构的绘制方法与三维实体的造型思路。在虎钳钳身的造型过程中，应重点掌握二维截面曲线的定位技巧，结果如图11-34所示。

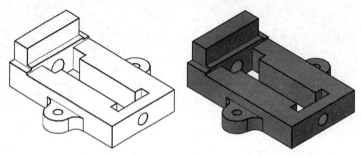

图 11-34　虎钳钳身

11.3.1 创建钳身基础结构

通过将多个重合的二维矩形结构进行拉伸操作，再执行【并集】命令将相交实体合并操作，快速完成钳身基础实体结构的造型。

步骤01　使用光盘文件"素材与结果文件"文件夹中的GB标准样板文件，新建图形文件。

步骤02　将【轮廓线】图层设置为当前图层，在俯视视角下绘制两个相交的矩形，如图11-35所示。

步骤03　在俯视视角下绘制长为100，宽为34的矩形，如图11-36所示；在俯视视角下绘制长为100，宽为25的矩形，如图11-37所示。

步骤04　在俯视视角下绘制如图11-38所示的圆形、圆弧与直线。再执行【合并】命令将直线与相接圆弧进行合并操作。

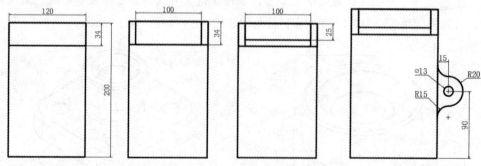

图 11-35　绘制矩形图　11-36　绘制矩形　图 11-37　绘制矩形　图 11-38　绘制圆弧与圆形

步骤05 单击【拉伸】按钮，选择长为100，宽为25的矩形为拉伸实体的截面曲线，指定拉伸距离为68，完成拉伸实体的创建，如图11-39所示。

步骤06 单击【拉伸】按钮，选择长为100，宽为34的矩形为拉伸实体的截面曲线，指定拉伸距离为41，完成拉伸实体的创建，如图11-40所示。

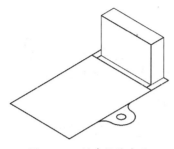

图11-39 创建拉伸实体

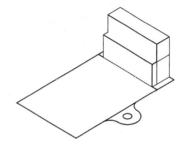

图11-40 创建拉伸实体

步骤07 单击【拉伸】按钮，选择长为120，宽为34的矩形为拉伸实体的截面曲线，指定拉伸距离为38，完成拉伸实体的创建，如图11-41所示。

步骤08 单击【拉伸】按钮，选择长为200，宽为120的矩形为拉伸实体的截面曲线，指定拉伸距离为35，完成拉伸实体的创建；单击【并集】按钮，选择4个相交实体为并集运算对象，完成实体的合并操作，如图11-42所示。

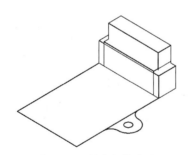

图11-41 创建拉伸实体

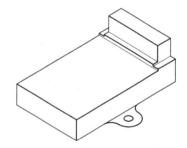

图11-42 实体并集运算

11.3.2 创建凹槽与耳特征

凹槽与耳特征主要是通过差集和并集运算来完成结构的造型，在实体特征的创建过程中应重点掌握二维截面曲线的重定位。

步骤01 单击【拉伸】按钮，选择圆形为拉伸实体的截面曲线，指定拉伸距离为50，创建出拉伸实体；再次单击【拉伸】按钮，选择合并的直线与圆弧曲线为拉伸实体的截面曲线，指定拉伸距离为20，完成拉伸实体的创建，如图11-43所示。

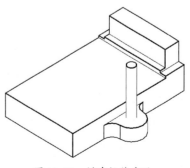

图11-43 创建拉伸实体

步骤02　单击【差集】按钮◎，分别选择相交的拉伸实体为差集运算对象，完成实体求差运算；执行【三维镜像】命令，将差集运算后的耳特征实体对称复制，如图11-44所示。

步骤03　在钳身底座实体平面上绘制如图11-45所示的直线段，再执行【合并】命令将直线段进行合并操作。

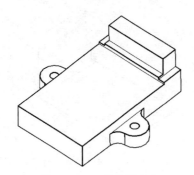

图11-44　三维镜像实体

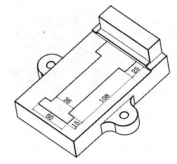

图11-45　绘制二维截面曲线

步骤04　单击【拉伸】按钮◎，选择合并的直线段为拉伸实体的截面曲线，指定拉伸距离为70，完成拉伸实体的创建，如图11-46所示。

步骤05　单击【差集】按钮◎，分别选择相交的两个实体为差集运算对象，完成实体求差运算，求差结果如图11-47所示。

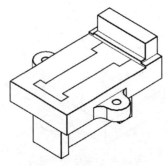

图11-46　创建拉伸实体

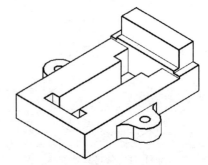

图11-47　实体差集运算

11.3.3　创建孔特征

在孔特征的创建过程中，应重点注意【差集】命令和【偏移面】命令的综合运用。

步骤01　在钳身实体的端面中心绘制一个直径为18的圆形，如图11-48所示。

步骤02　单击【拉伸】按钮◎，选择圆形为拉伸实体的截面曲线，指定拉伸距离为120，完成拉伸实体的创建，如图11-49所示。

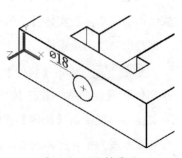

图11-48　绘制圆形

步骤03 单击【差集】按钮◻，分别选择相交的两个实体为差集运算对象，完成实体求差运算；单击【偏移面】按钮◻，选择圆孔曲面为偏移对象，如图11-50所示；指定偏移距离为-3，完成实体曲面的偏移操作。

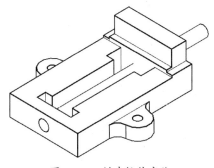

图11-49 创建拉伸实体

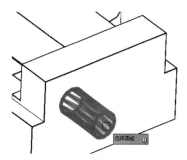

图11-50 指定偏移曲面

11.4 齿轮箱上盖

本案例将以齿轮箱上盖为设计对象，运用坐标系定位二维图形结构的基本思路来辅助完成三维实体特征的造型。在齿轮箱上盖零件的造型过程中，应重点掌握【差集】命令的灵活运用，结果如图11-51所示。

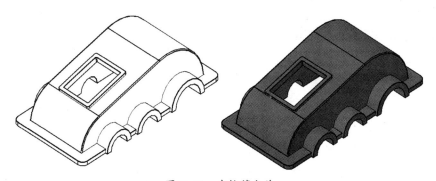

图11-51 齿轮箱上盖

11.4.1 创建箱盖基础结构

创建箱盖基本实体结构时应注意二维相切曲线的绘制技巧，以及曲线的合并操作。

步骤01 使用光盘文件"素材与结果文件"文件夹中的GB标准样板文件，新建图形文件。

步骤02 将【轮廓线】图层设置为当前图层，在前视视角下绘制如图11-52所示的封闭轮廓曲线；再执行【合并】命令将直线与相切圆弧进行合并操作。

步骤03 在前视视角下绘制3个半圆结构图形，如图11-53所示。

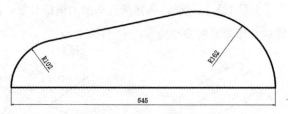

图 11-52 绘制二维截面曲线

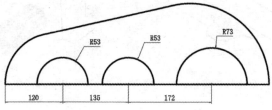

图 11-53 绘制半圆结构图形

步骤04 单击【拉伸】按钮，选择以合并的封闭轮廓曲线为拉伸实体的截面曲线，指定拉伸距离为230，完成拉伸实体的创建，如图11-54所示。

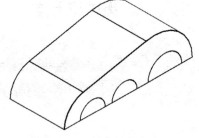

图 11-54 创建拉伸实体

11.4.2 创建箱盖壳体特征

箱盖壳体特征应在实体并集操作之前进行创建，在造型过程中应注意移除平面的选取以及抽壳厚度的指定。

步骤01 单击【拉伸】按钮，选择3个封闭的半圆轮廓曲线为拉伸实体的截面曲线，指定拉伸距离为48，完成拉伸实体的创建；执行【三维镜像】命令，将3个拉伸实体对称复制，如图11-55所示。

步骤02 单击【抽壳】按钮，选择箱盖基础实体的地平面为移除平面，指定抽壳厚度值为10，完成抽壳特征的创建，如图11-56所示。

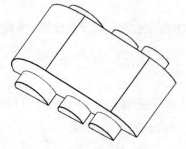

图 11-55 三维镜像实体

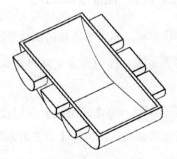

图 11-56 实体抽壳

步骤 03　在仰视视角下绘制两个矩形图形，如图11-57所示。

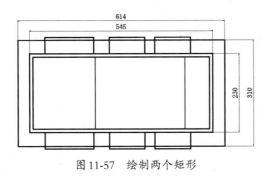

图 11-57　绘制两个矩形

步骤 04　单击【拉伸】按钮🔟，选择长为545，宽为230的矩形为拉伸实体的截面曲线，指定拉伸距离为100，创建出拉伸实体；单击【拉伸】按钮🔟，选择长为614，宽为310的矩形为拉伸实体的截面曲线，指定拉伸距离为12，完成拉伸实体的创建，如图11-58所示。

步骤 05　单击【差集】按钮⚙，分别选择相交的两个拉伸实体为差集运算对象，完成实体求差运算，求差结果如图11-59所示；单击【并集】按钮⚙，选择绘图区中所有相交的实体为并集运算对象，完成实体的合并操作。

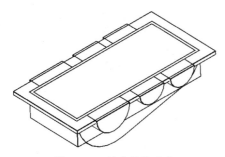

图 11-58　创建拉伸实体

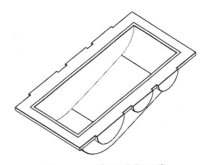

图 11-59　实体差集运算

11.4.3　创建箱盖凹槽特征

凹槽特征的造型过程中，应注意使用坐标系来定位二维截面曲线。

步骤 01　捕捉圆弧体端面圆心，分别绘制直径为72和110的3个圆形，如图11-60所示。

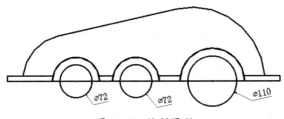

图 11-60　绘制圆形

步骤02　单击【拉伸】按钮，选择3个圆形为拉伸实体的截面曲线，指定拉伸距离为300，完成拉伸实体的创建，如图11-61所示。

步骤03　单击【差集】按钮，分别选择相交的4个实体为差集运算对象，完成实体求差运算，求差结果如图11-62所示。

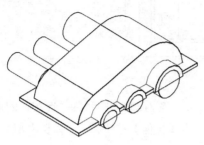

图11-61　创建拉伸实体

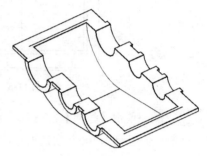

图11-62　实体差集运算

步骤04　单击【圆角边】按钮，设置圆角半径为20，选择箱盖底座实体上的4条垂直棱角边线为圆角对象，完成实体圆角特征的创建，如图11-63所示。

步骤05　将坐标系移动至实体的倾斜平面上，绘制如图11-64所示的两个矩形。

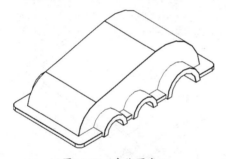

图11-63　实体圆角1

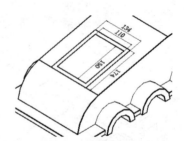

图11-64　绘制两个矩形

步骤06　单击【拉伸】按钮，选择长为150，宽为110的矩形为拉伸实体的截面曲线，指定拉伸距离为150，创建出拉伸实体；单击【拉伸面】按钮，选择拉伸实体的顶平面为拉伸面，指定拉伸距离为100，完成拉伸面操作，如图11-65所示。

步骤07　单击【拉伸】按钮，选择长为174，宽为134的镜像为拉伸实体的截面曲线，指定拉伸距离为8，完成拉伸实体的创建；单击【差集】按钮，选择相交的3个实体为差集运算对象，完成实体求差运算，求差结果如图11-66所示。

步骤08　单击【圆角边】按钮，分别设置圆角半径为3和6，选择矩形实体的垂直棱角边线为圆角对象，完成实体圆角特征的创建，如图11-67所示。

步骤09　单击【圆角边】按钮，设置圆角半径为2.5，选择箱盖实体的两条圆弧边线为圆角对象，完成实体圆角特征的创建，如图11-68所示。

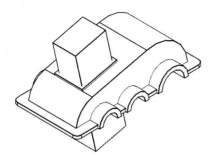

图 11-65　创建拉伸实体

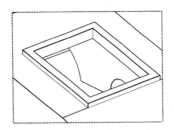

图 11-66　实体差集运算

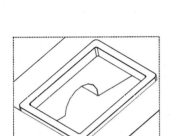

图 11-67　实体圆角 2

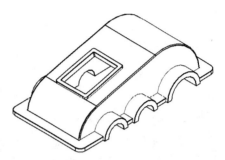

图 11-68　实体圆角 3

AutoCAD 2016

附录 A
AutoCAD 常用快捷键索引

A			
命令名称	快捷键	命令名称	快捷键
圆弧（ARC）	A	块参照（ATTEDIT）	ATE
面积（AREA）	AA	设计中心（ADCENTER）	ADC
阵列（ARRAY）	AR	设计中心（ADCENTER）	DC

B			
命令名称	快捷键	命令名称	快捷键
图案填充（BHATCH）	H/BH	边界创建（BOUNDARY）	BO
块定义（BLOCK）	B	打断（BREAK）	BR
退出块编辑器（BCLOSE）	BC	保存块（BSAVE）	BS
打开块定义（BEDIT）	BE	定义动态块（BVSTATE）	BVS

C			
命令名称	快捷键	命令名称	快捷键
倒角（CHAMFER）	CHA	颜色（COLOR）	COL
特性（CHANGE）	CH	复制（COPY）	CO/CP
圆形（CIRCLE）	C	检查图形（CHECKSTANDARDS）	CHK
指定相机位置（CAMERA）	CAM	圆柱体（CYLINDER）	CYL

D			
命令名称	快捷键	命令名称	快捷键
编辑文字对象（DDEDIT）	ED	视点预设（DDVPOINT）	VP
标注样式管理器（DIMSTYLE）	D/DST	定义标注文字位置（DIMTEDIT）	DIMTED
对齐标注（DIMALIGNED）	DAL	距离测量（DIST）	DI
角度标注（DIMANGULAR）	DAN	阶梯标注（DIMBASELINE）	DBA
圆心标记（DIMCENTER）	DCE	定数等分（DIVIDE）	DIV
连续标注（DIMCONTINUE）	DCO	圆环（DONUT）	DO
半径标注（DIMRADIUS）	DRA	直径标注（DIMDIAMETER）	DDI
倾斜标注（DIMEDIT）	DED	草图设置（DSETTINGS）	DS/SE
线性标注（DIMLINEAR）	DLI	坐标标注（DIMORDINATE）	DOR
弧长标注（DIMARC）	DAR	折弯标注（DIMJOGGED）	JOG

E			
命令名称	快捷键	命令名称	快捷键
椭圆（ELLIPSE）	EL	分解（EXPLODE）	X
删除（ERASE）	E	输出数据（EXPORT）	EXP
延伸（EXTEND）	EX	拉伸实体（EXTRUDE）	EXT

F			
命令名称	快捷键	命令名称	快捷键
圆角（FILLET）	F	对象过滤（FILTER）	FI

H			
命令名称	快捷键	命令名称	快捷键
图案填充（HATCH）	H/BH	编辑图案填充（HATCHEDIT）	HE

I			
命令名称	快捷键	命令名称	快捷键
插入（INSERT）	I	交集（INTERSECT）	IN
插入对象（INSERTOBJ）	IO	输入数据（IMPORT）	IMP

J			
命令名称	快捷键		
合并（JOIN）	J		

L			
命令名称	快捷键	命令名称	快捷键
图层管理器（LAYER）	LA	线型管理器（LINETYPE）	LT/LTYPE
直线（LINE）	L	引线标注（LEADER）	LEAD

M			
命令名称	快捷键	命令名称	快捷键
格式刷（MATCHPROP）	MA	定距等分（MEASURE）	ME
多行文字（MTEXT）	T	镜像（MIRROR）	MI
平行线（MLINE）	ML	移动（MOVE）	M

O			
命令名称	快捷键	命令名称	快捷键
偏移（OFFSET）	O	对象捕捉设置（OSNAP）	PR/OS

P			
命令名称	快捷键	命令名称	快捷键
平移（PAN）	P	多边形（POLYGON）	POL
多段线（PLINE）	PL	棱锥体（PYRAMID）	PYR

Q			
命令名称	快捷键	命令名称	快捷键
引线标注（QLEADER）	LE	退出（QUIT）	EXIT
快速计算器（QUICKCALC）	QC	自定用户界面（QUICKCUI）	QCUI

R			
命令名称	快捷键	命令名称	快捷键
重画（REGEN）	RE	旋转实体（REVOLVE）	REV
面域（REGION）	REG	旋转（ROTATE）	RO
矩形（RECTANG）	REC		

S			
命令名称	快捷键	命令名称	快捷键
比例缩放（SCALE）	SC	样条曲线（SPLINE）	SPL
拉伸对象（STRETCH）	S	剖切视图（SLICE）	SL
文字样式（STYLE）	ST	差集（SUBTRACT）	SU

T			
命令名称	快捷键	命令名称	快捷键
对齐文字（TABLET）	TA	加厚（THICKNESS）	TH
圆环实体（TORUS）	TOR	修剪（TRIM）	TR
形位公差（TOLERANGE）	TOL	单行文字（TEXT）	DT
插入表格（TABLE）	TB	快速建模（TOOLPALETTES）	TP
表格样式（TABLESTYLE）	TS		

U			
命令名称	快捷键	命令名称	快捷键
并集（UNION）	UNI	用户坐标管理（UCSMAN）	UC

V			
命令名称	快捷键	命令名称	快捷键
视图管理器（VIEW）	V	视点预设（VPOINT）	−VP

W			
命令名称	快捷键	命令名称	快捷键
写块（WBLOCK）	W	楔体（WEDGE）	WE

X			
命令名称	快捷键	命令名称	快捷键
构造线（XLINE）	XL	裁剪显示外部参照（XCLIP）	XC

AutoCAD
2016

表面粗糙度的标注主要由粗糙度符号和粗糙度数值所组成，其参数值的选用应满足零件表面的各项功能要求，同时还要考虑经济合理性。

在满足设计需求的条件下，表面粗糙度应尽量选用较大的参数值，以降低加工难度和成本。特别是零件的非装配表面、尺寸精度要求低的表面，参数值应选用较大的参数值，而对于精度要求较高的装配表面、摩擦表面，应选用较小的参数值，以满足零件的设计需要。关于表面粗糙度参数的选用实例，如表B-1所示。

表B-1　表面粗糙度参数选用实例

Ra/μm	表面特征	表面形状	完成粗糙度要求的加工方法	应用实例
100	粗糙的表面	有肉眼明显可见的刀痕	粗车加工、粗铣加工、钻孔加工、粗砂轮加工	法兰盘端面、轴零件非装配表面、零件倒角面、铆钉孔
50		有可见刀痕		
25		有细微的刀痕		
12.5	半光滑表面	有可见的加工痕迹	精车加工、精铣加工、刮研、金属制品拉丝加工	箱体零件表面、离合器表面、轴特征或孔特征的退刀槽
6.3		有细微可见的加工痕迹		
3.2		不可见加工痕迹		
1.6	光滑表面	有加工方向轨迹	精磨、精铰、金属拉丝加工	轴承装配表面、齿轮配合表面、机床导轨表面、活塞摩擦表面
0.8		有细微加工方向轨迹		
0.4		不可见加工轨迹		
0.2	非常光滑的表面	有较暗的光泽表面	研磨加工	曲柄轴的轴颈表面、仪器导轨表面、滚动体表面、仪器的测量表面
0.1		有较亮的光泽表面		
0.05		有光泽镜面		
0.025		有雾状光泽表面		
0.012		有较明亮的光泽镜面		

在机械制图过程中，最常用的表面粗糙度符号为基本符号上加一短划的衍生符号，如图B-1所示。它表示该表面是用剪裁材料的加工方式来获得，如铣加工、车加工、钻加工、抛光加工、电火花加工等。

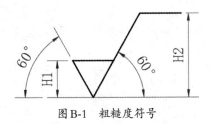

图 B-1　粗糙度符号

根据中国国家标准《机械制图》中的相关规定，表面粗糙度符号的大小都有规定的尺寸，如表B-2所示。

表B-2　粗糙度符号尺寸参考数据

轮廓线的线宽	0.35	0.5	0.7	1	1.4	2	2.8
字符高度	2.5	3.5	5	7	10	14	20
字符线宽	0.25	0.35	0.5	0.7	1	1.4	2
粗糙度符号高度H1	3.5	5	7	10	14	20	28
粗糙度符号高度H2	8	11	15	21	30	42	60

AutoCAD
2016

针对零部件较多的机件装配，为便于设计人员读图识图，便于产品图样的分类管理，使用 AutoCAD 绘制装配图时通常会对各零部件进行序号编注，然后在明细栏中填写相对应的零部件信息。

1．序号的一般规定

（1）根据《机械制图》的相关规定，装配图中的所有组成零部件都必须编注序号，其中相同的零部件只编注一次且只能使用一个序号。

（2）在同一幅装配图中，所有序号编注的样式应统一，不能出现多种序号编注样式。

（3）同一零部件在明细栏中填写的序号应与编注的序号相对应。

2．序号的基本编注形式

（1）在指引线的水平直线上注明序号，或在圆圈内注明序号。序号的字体高度应比装配图样中其他尺寸标注的文字高度大一号，如图 C-1（a）所示。

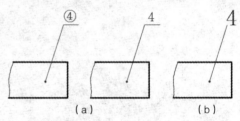

图 C-1　序号基本编注形式

（2）在指引线附近直接注明序号时，字体高度应比装配图样中其他尺寸标注的文字高度大两号，如图 C-1（b）所示。

3．指引线与序号排列形式

（1）指引线应从零部件的轮廓线内引出，端点应采用圆点显示，而非尺寸标注使用的箭头形式。

（2）指引线在装配图中应排布均匀，避免过长或相交，尽量减少与零件轮廓线相交，且不能与剖面线平行。

（3）指引线只能折弯一次，如在同一个装配关系清楚的零件组中，可采用公共指引线的方式来编注序号，如图 C-2 所示。

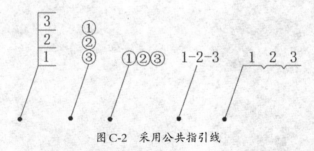

图 C-2　采用公共指引线

（4）序号应在装配图外围按顺时针或逆时针方向进行整齐排列，不能插号。

（5）当不能在装配图外围连续排列序号时，应在指定的图形周围使用水平或垂直方向进行顺序排列，不能插号。

AutoCAD
2016

附录 D

AutoCAD 机械制图
样板文件图层设置

图层	颜色号	线型	主要作用
轮廓线	白色（White）	Continuous 实线	绘制可见机件轮廓结构
细实线	白色（White）	Continuous 实线	绘制断裂分割线
中心线	红色（Red）	Center 点画线	绘制中心对称线、轴心线
虚线	洋红（Magenta）	Dashed 虚线	绘制不可见的轮廓结构
双点画线	白色（White）	Jis_09_15 双点画线	绘制假象轮廓线
剖面线	白色（White）	Continuous 实线	创建区域填充、断面线
图块	白色（White）	Continuous 实线	用于插入图形块
图框	白色（White）	Continuous 实线	用于绘制边框直线
尺寸标注线	蓝色（Blue）	Continuous 实线	创建定位、定形尺寸线
文字	蓝色（Blue）	Continuous 实线	创建注释说明文字

温馨
提示

①在 AutoCAD 默认的黑色背景下，所有可见轮廓线均设置为"白色"。

②AutoCAD 背景颜色为"白色"时，可见轮廓线均设置为"黑色"。

③其他图层的显示颜色可根据设计需求自行定义。

④图层的数量应根据设计需求进行增减，而"中心线""轮廓线""细实线""虚线""尺寸标注线"图层则是机械制图中必不可少的图层。

AutoCAD
2016

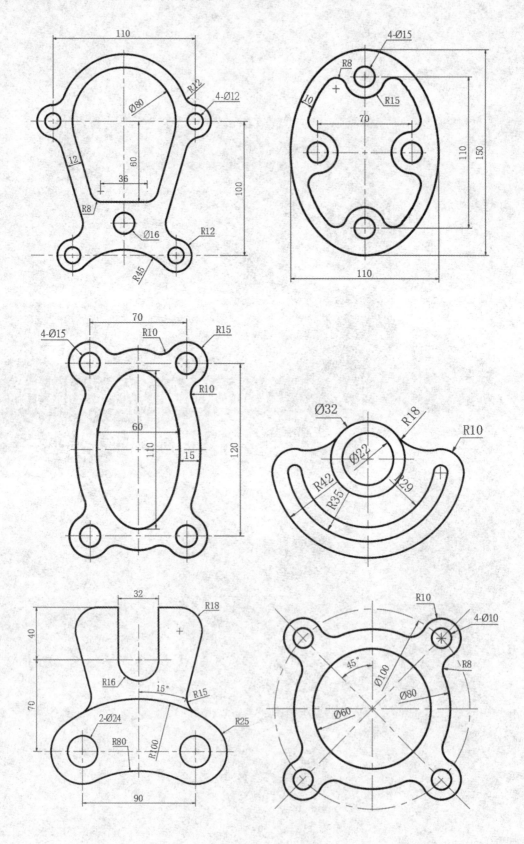

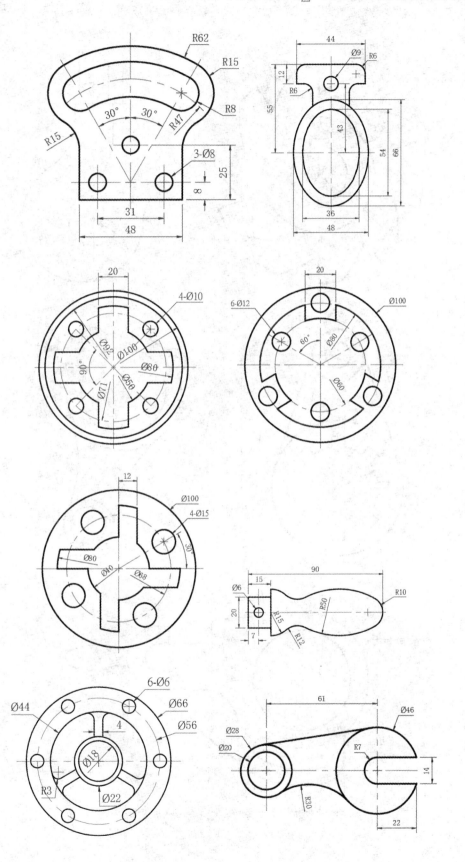

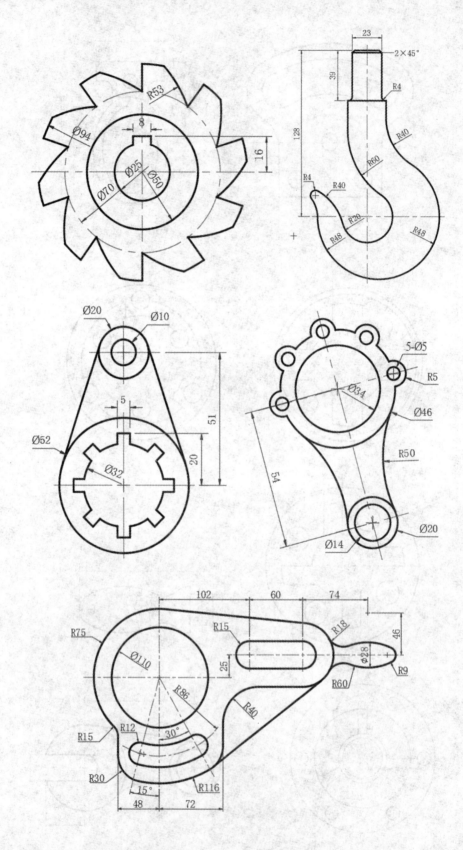

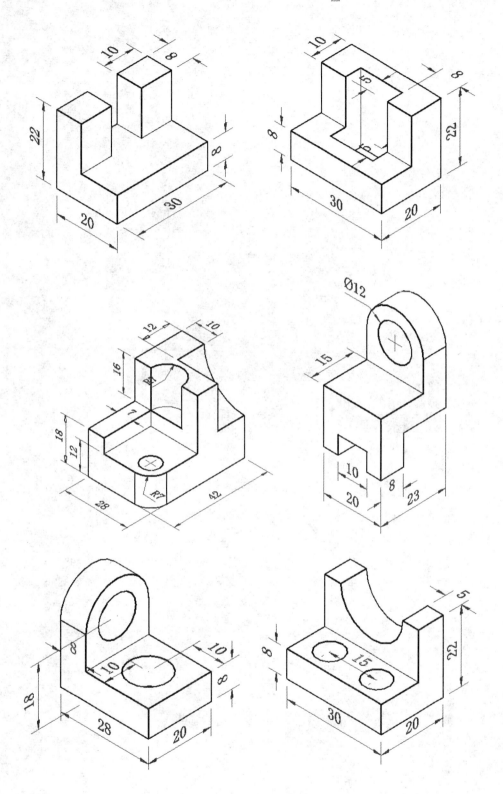

AutoCAD
2016

为了强化学生的上机操作能力,专门安排了以下上机实训项目,老师可以根据教学进度与教学内容,合理安排学生上机训练操作的内容。

实训一:规具样板

使用 AutoCAD 2016 中,绘制如图 F-1 所示的规具样板。

素材文件	无
结果文件	光盘\素材与结果文件\综合上机实训结果文件\规具样板.dwg

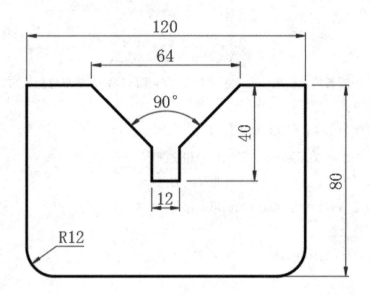

图 F-1　规具样板

操作提示

在绘制规具样板的案例操作中,主要使用了图层管理、基本二维曲线的绘制及尺寸标注等知识内容。主要操作步骤如下。

(1)新建图形文件并创建机械设计图层。

(2)使用【直线】命令绘制规具基本外形结构。

(3)执行【圆角】、【旋转】、【修剪】命令创建规具的特征结构。

(4)执行【线性】命令标注出规具样板的尺寸。

实训二:绘制阵列圆弧

使用 AutoCAD 2016 中,绘制如图 F-2 所示的阵列圆弧。

素材文件	无
结果文件	光盘\素材与结果文件\综合上机实训结果文件\阵列圆弧.dwg

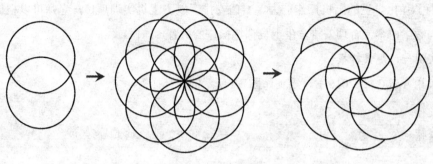

图 F-2　阵列圆弧

在绘制阵列圆弧的案例操作中，主要使用了环形阵列以及图形修剪等知识内容。主要操作步骤如下。

（1）新建图形文件并创建机械设计图层。

（2）使用二维对象捕捉功能，绘制两个相交圆形。

（3）执行【阵列】命令创建多个环形排列的圆形。

（4）执行【修剪】命令完成阵列圆形的修剪。

实训三：法兰盘

使用 AutoCAD 2016 中，绘制如图 F-3 所示的法兰盘。

素材文件	无
结果文件	光盘\素材与结果文件\综合上机实训结果文件\法兰盘.dwg

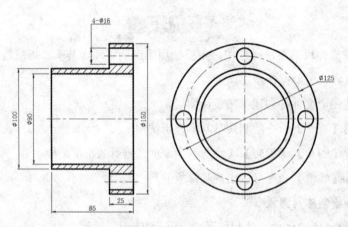

图 F-3　法兰盘

在绘制法兰盘视图的操作中，主要使用了特征视图投影的方法来绘制法兰盘的基础结构与特征结构。主要操作提示如下。

（1）新建图形文件并创建机械设计图层。

（2）在【中心线】图层上绘制基准直线与圆形。

（3）执行【构造线】命令投影出法兰盘右视图的外形轮廓结构与特征结构。

（4）执行【线性】命令标注出法兰盘的定形、定位尺寸。

实训四：轴联器

使用 AutoCAD 2016 中，绘制如图 F-4 所示的轴联器。

素材文件	无
结果文件	光盘\素材与结果文件\综合上机实训结果文件\轴联器.dwg

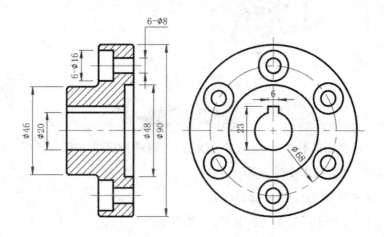

技术要求
1. 为注明倒角为 1×45°
2. 为注明圆角为 R2

图 F-4　轴联器

操作提示

在绘制轴联器的案例操作中，主要使用了图层管理、特征视图投影的方法以及尺寸标注等知识。主要操作步骤如下。

（1）新建图形文件并创建机械设计图层。

（2）绘制轴联器主视图轮廓结构。

（3）执行【构造线】命令，投影出右视图的外形结构与特征结构。

（4）执行【线性】命令并使用【多行文字】模式完成轴联器尺寸标注。

实训五：支座

使用 AutoCAD 2016 中，绘制如图 F-5 所示的支座。

素材文件	无
结果文件	光盘\素材与结果文件\综合上机实训结果文件\支座.dwg

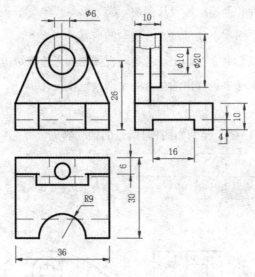

图 F-5　支座

操作提示

在绘制支座视图案例操作中，主要使用了特征视图投影的方法、机械零件图尺寸标注方法等知识。主要操作步骤如下。

（1）新建图形文件并创建机械设计图层。

（2）在【中心线】图层上绘制出支座主视图的基准直线。

（3）绘制出支座零件的主视图轮廓结构。

（4）执行【构造线】命令，投影出其他视图的基础外形结构。

（5）使用【旋转】、【移动】、【构造线】命令投影出其他结构特征。

实训六：箱座体

使用 AutoCAD 2016 中，绘制如图 F-6 所示的箱座体。

素材文件	无
结果文件	光盘 \ 素材与结果文件 \ 综合上机实训结果文件 \ 箱座体.dwg

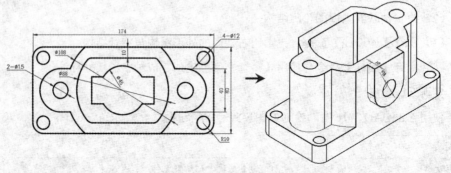

图 F-6　箱座体

在绘制箱座体模型操作中，主要使用了实体拉伸、布尔差集、布尔合集等知识。主要操作步骤如下。

（1）新建图形文件并创建机械设计图层。

（2）在【轮廓线】图层上绘制出箱座体的俯视轮廓曲线。

（3）执行【拉伸】命令，创建三维实体模型。

（4）执行【差集】命令，创建出实体凹槽特征。

（5）执行【并集】命令，合并所以三维实体结构。

实训七：支座模型

使用 AutoCAD 2016 中，绘制如图 F-7 所示的支座模型。

素材文件	无
结果文件	光盘\素材与结果文件\综合上机实训结果文件\支座模型.dwg

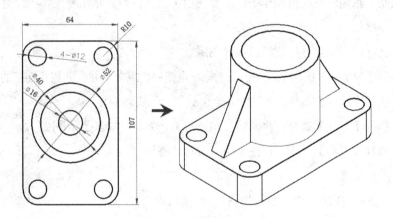

图 F-7　支座模型

在绘制支座模型操作中，主要使用了实体拉伸、布尔差集、布尔合集等知识。主要操作步骤如下。

（1）新建图形文件并创建机械设计图层。

（2）在【轮廓线】图层上绘制出支座模型的俯视轮廓曲线。

（3）依次拉伸封闭的轮廓曲线，创建出多个相交的三维实体对象。

（4）执行【差集】命令，创建出圆孔特征。

（5）执行【并集】命令，合并所以独立的三维实体完成支座模型的创建。

实训八：三爪定位盘

使用 AutoCAD 2016 中，绘制如图 F-8 所示的三爪定位盘。

素材文件	无
结果文件	光盘\素材与结果文件\综合上机实训结果文件\三爪定位盘.dwg

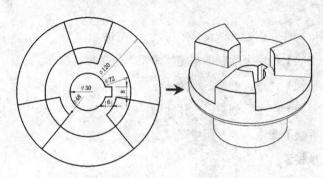

图F-8　三爪定位盘

操作提示

在绘制三爪定位盘模型操作中，主要使用了实体拉伸、布尔差集、布尔合集等知识。主要操作步骤如下。

（1）新建图形文件并创建机械设计图层。

（2）在【轮廓线】图层上绘制出三爪定位盘俯视轮廓曲线并合并相互连接的曲线对象。

（3）执行【拉伸】命令，创建出4个相交的三维实体对象。

（4）执行【并集】命令，将两圆柱实体与3个伞形实体进行合并操作。

（5）执行【差集】命令，创建出中心止转孔特征。

实训九：管座

使用AutoCAD 2016中，绘制如图F-9所示的管座。

素材文件	无
结果文件	光盘\素材与结果文件\综合上机实训结果文件\管座.dwg

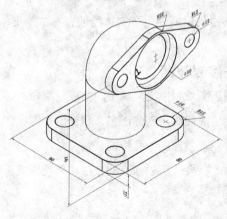

图F-9　管座

操作提示

在绘制管座操作中，主要使用了实体拉伸、实体扫掠、布尔差集、布尔合集等知识。
主要操作步骤如下。

（1）新建图形文件并创建机械设计图层。

（2）分别在俯视、左视、前视视角下绘制管座的轮廓曲线。

（3）执行【拉伸】和【扫掠】命令，创建出基础三维实体对象。

（4）执行【差集】命令，创建出孔特征。

（5）执行【并集】命令，合并所以的独立三维实体对象。

实训十：气缸套

使用 AutoCAD 2016 中，绘制如图 F-10 所示的气缸套。

素材文件	无
结果文件	光盘＼素材与结果文件＼综合上机实训结果文件＼气缸套.dwg

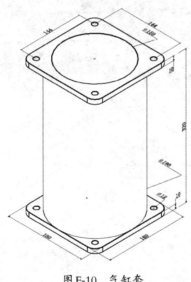

图 F-10　气缸套

操作提示

在绘制气缸套操作中，主要使用了实体拉伸、布尔差集、布尔合集等知识。主要操
作步骤如下。

（1）新建图形文件并创建机械设计图层。

（2）在俯视视角下绘制气缸基本外形结构曲线。

（3）执行【拉伸】命令，创建出各个独立的三维实体对象。

（4）执行【差集】、【并集】命令，完成气缸套三维结构的创建。

AutoCAD
2016

附录G

知识与能力总复习题1

一、单项选择题（每题2分，共40分）

1. 打开或关闭AutoCAD正交模式的热键是（ ）。

    A.【F8】   B.【F3】   C.【F1】   D.【F9】

2. AutoCAD图形文件的后缀名为（ ）。

    A. dwg   B. dxf   C. dwt   D. bak

3. 直线的起点为（40，40），若要画出与x轴正方向成45°夹角、长度为100的直线段，应输入（ ）。

    A. @70.7，70.7   B. @101.7，101.7

    C. 70.7，70.7   D. 101.7，101.7

4. 当图层处于（ ）状态时，图层上的对象既不能在绘图区上显示，也不能在该图层绘制新的图形对象。

    A. 锁定   B. 关闭   C. 打开   D. 冻结

5. 使用【直线】命令绘制矩形，这个矩形有（ ）独立的二维对象。

    A. 1个   B. 2个   C. 3个   D. 4个

6. 以下命令中不能实现对象复制操作的是（ ）。

    A. 复制   B. 阵列   C. 偏移   D. 移动

7. 使用【两点】子项命令绘制圆形时，两点直接的距离为（ ）。

    A. 直径   B. 半径   C. 圆周   D. 1.5倍半径

8. 使用A4图幅绘制机械图样，其图幅尺寸为（ ）。

    A. 210mm×297mm   B. 297mm×420mm

    C. 420mm×594mm   D. 594mm×841mm

9. 退出命令的热键是（ ）。

    A.【Esc】   B.【F2】   C.【Enter】   D.【Delete】

10. 下面哪个命令可创建对称结构的副本图形？（ ）

    A. 复制   B. 镜像   C. 偏移   D. 移动

11. 在AutoCAD中，重复使用上一次执行的热键是（ ）。

    A.【Esc】   B.【F2】   C.【Enter】   D.【Delete】

12. 在AutoCAD中，缩放视图与缩放图形是（ ）。

    A. 都能缩放图形对象的尺寸比例

    B. 缩放视图才能修改图形对象的尺寸比例

    C. 缩放视图只改变图形的显示比例，而缩放图形才能修改图形对象的尺寸比例

    D. 两者都不能改变图形对象的尺寸比例

13. 在文字创建过程中如添加正负符号，应输入（ ）。

    A. %%P   B. %%D   C. %%C   D. %%O

14. 下面哪个图形不能使用【偏移】命令？（　　　）

    A. 点　　　　　　　B. 直线　　　　　　C. 构造线　　　　　D. 矩形

15. 使用【多边形】命令绘制正八边形，它包含（　　　）个对象。

    A. 1　　　　　　　　B. 2　　　　　　　　C. 4　　　　　　　　D. 8

16.【移动】命令和【平移】命令是（　　　）。

    A. 两者功能一样

    B.【移动】命令是移动所有的视图，而【平移】命令是移动指定的图形对象

    C. 两种都不能移动图形对象

    D.【平移】命令是移动所有的视图，而【移动】命令是移动指定的图形对象

17. 机械制图中最重要的视图是以下哪三个？（　　　）

    A. 主视图、左视图、俯视图　　　　　　　B. 主视图、右视图、俯视图

    C. 主视图、左视图、仰视图　　　　　　　D. 主视图、右视图、仰视图

18. 下面哪个命令常用于特征的视图投影？（　　　）

    A.【直线】　　　　B.【样条曲线】　　　C.【构造线】　　　D.【多段线】

19. 执行【倒角边】命令创建实体倒角特征时，应注意（　　　）。

    A. 所有选取倒角边都应在同一个实体平面上

    B. 不能选取相交的实体边线

    C. 所有选取的倒角边不能在同一个实体平面上

    D. 只能选取相交的实体边线

20. 将三维实体模型转换为二维工程视图，需要进入（　　　）设计环境。

    A.【布局】　　　　B.【三维建模】　　　C.【三维基础】　　　D.【草图和注释】

二、填空题（每空 1 分，共 20 分）

1. AutoCAD 的图块主要包括_____和_____。

2. 布尔运算主要有_____、_____和_____。

3. 机械图样常用的图案填充类型是_____。

4. AutoCAD 的文字创建命令主要有_____和_____。

5. 使用_____命令可将一个图形的属性复制到另一个图形上。

6. 使用二维曲线来创建三维实体的命令有_____、_____、_____、_____和_____。

7. 常用的图形对象选取方式有_____、_____、_____、_____和_____。

8. 使用_____命令可按照指定曲线的路径排列图形副本。

9. 插入图形文件后，需要使用_____命令将其拆解才能对其进行编辑修改操作。

10. 使用_____命令可创建具有变化截面的三维实体。

三、判断题（每题 1 分，共 10 分）

1. 一个 Dwg 图形文件只能使用一种尺寸标注样式。　　　　　　　　　　　（　　）

2. 当前层和 0 图层不能被删除。　　　　　　　　　　　　　　　　　　　（　　）

3. 用【写块】命令创建的图形块是内部块，它可插入到其他的图形文件中去。（　　）

4. 打开 AutoCAD 正交模式后，则只能绘制水平或垂直线段。　　　　　　　（　　）

5. 设置图层显示线宽后，还需要在状态栏上单击【线宽显示】按钮 ≡，才能显示出图形对象的显示线宽。　　　　　　　　　　　　　　　　　　　　　　　　　（　　）

6. 在 AutoCAD 系统中，默认的旋转方向为逆时针方向。　　　　　　　　　（　　）

7. 使用【插入】命令调入图形块时，可重定义图形的尺寸比例。　　　　　（　　）

8. 在机械图样上只能使用字高为 3.5 的长仿宋字体。　　　　　　　　　　（　　）

9. 二维曲线的镜像是在直线的另一侧创建图形对象，而三维模型的镜像是在平面的另一侧创建图形对象。　　　　　　　　　　　　　　　　　　　　　　　　　（　　）

10. 将三维模型转换为二维工程视图需要进入【布局】环境。　　　　　　　（　　）

四、补画视图（每题 10 分，共 30 分）

1. 根据图 G-1 中的主视图、俯视图和等轴测视图，画出左视图。

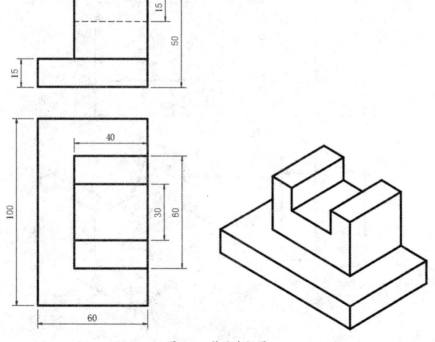

图 G-1　补画左视图

2. 根据图 G-2 中的主视图、左视图和等轴测视图，画出俯视图。

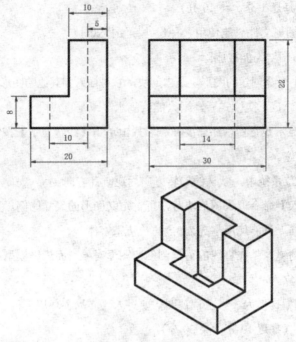

图 G-2　补画俯视图

3. 根据图 G-3 中的左视图和俯视图，补画出主视图上圆孔和圆弧凹槽的隐藏轮廓线。

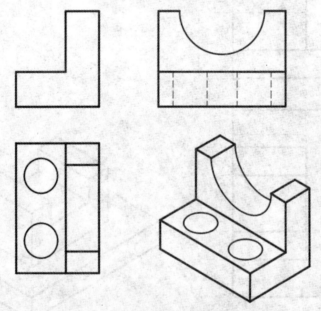

图 G-3　补画主视图隐藏轮廓线

附录 H　知识与能力总复习题 2（内容见光盘）

附录 I　知识与能力总复习题 3（内容见光盘）